高等教育"十三五"规划教材·无人机应用技术

无人机模拟飞行及操控技术

主　编　杨　宇

副主编　陈　明

西北工业大学出版社

西　安

【内容简介】 本书详尽介绍无人机概述、无人机的基本组成及相关行业应用；固定翼、多旋翼及常规旋翼无人机的结构及飞行原理；遥控器、地面站及飞行控制器的设备介绍与使用；从模拟软件的选择，到不同机型的模拟飞行要求与练习方法及技巧，以及自动驾驶仪器的模拟操作；通过对各种类型无人机飞行操控的相同与不同要求来介绍飞行训练；无人机在不同领域、不同任务要求下对工作实施过程、方法的组织和规划；无人机操控者必须了解的空域法规及飞行报备要求。最后附录为无人机专业术语表与外场飞行记录表。

本书可作为中、高等职业院校相关专业教材，也可作为无人机爱好者和无人机从业人员培训的参考用书。

图书在版编目(CIP)数据

无人机模拟飞行及操控技术/杨宇主编. —西安：
西北工业大学出版社,2019.7(2023.9重印)
高等教育"十三五"规划教材·无人机应用技术
ISBN 978-7-5612-6504-8

Ⅰ.①无… Ⅱ.①杨… Ⅲ.①无人驾驶飞机-模拟飞行-高等学校-教材 Ⅳ.①V279

中国版本图书馆 CIP 数据核字(2019)第 117779 号

WURENJI MONI FEIXING JI CAOKONG JISHU
无 人 机 模 拟 飞 行 及 操 控 技 术

责任编辑：朱辰浩		**策划编辑**：杨 军	
责任校对：张 潼		**装帧设计**：李 飞	

出版发行：西北工业大学出版社
通信地址：西安市友谊西路 127 号　　邮编：710072
电　　话：(029)88491757，88493844
网　　址：www.nwpup.com
印　刷　者：兴平市博闻印务有限公司
开　　本：787 mm×1 092 mm　　1/16
印　　张：12.25
字　　数：321 千字
版　　次：2019 年 7 月第 1 版　　2023 年 9 月第 9 次印刷
定　　价：39.00 元

前　言

无人驾驶飞机简称"无人机"（Unmanned Aerial Vehicle，UAV）。无人机是无人机系统（Unmanned Aerial System，UAS，包括无人机、地面控制器和两者间的通信系统）的组成部分。这是一种非有人驾驶的航空器，通过无线电遥控设备和其相关程序控制装置进行操作。

国内最早由西北工业大学在 1958 年研制出第一套无人机系统，随着我国电子产业及消费级 MEMS 传感器开始大规模发展，无人机硬件成本快速下降，使得无人机进一步的小型化、集成化成为了可能。

无人机近年来发展迅速，从技术角度看已经比较成熟。其成本低，使用风险小，易操纵，具有高度灵活性，能够携带一些重要的设备从空中完成特殊任务，在军事和民用领域受到青睐。目前，无人机已广泛应用于航拍、农业植保、微型自拍、快递运输、灾难救援、观察野生动物、监控传染病、测绘、新闻报道、电力巡检、救灾和影视拍摄等领域，大大地拓展了无人机本身的用途，已成为我国经济的一个新增长点。

目前中国对无人机操控人员的需求非常大，而且将会在很长一段时间都处于一种供不应求的状态。无人机操控人员必须了解相应的航空法规、安全飞行知识，熟悉各类型无人机的飞行原理、相关电子设备的使用及保养维修，并通过无人机模拟飞行的练习与全方位模拟复杂的飞行环境来熟悉无人机遥控器、自驾仪等各种设备的操作，熟练掌握操控无人机的技能。

本书集中了作者及其研究团队近年来在无人机相关领域的研究成果，详尽介绍了相关法律法规、飞行前的练习与操控飞行中应注意的事项。为了适应不同的课程设计，本书共分为 7 章。第 1 章介绍无人机概述、无人机的基本组成及相关行业应用；第 2 章分别介绍固定翼、多旋翼及常规旋翼无人机的结构及飞行原理；第 3 章介绍无人机重要电子设备，包括遥控器、地面站和飞行控制器；第 4 章介绍无人机模拟飞行，从模拟练习软件的选择，到不同机型的模拟飞行方法与要求，以及自动驾驶仪器的模式练习；第 5 章通过对各种类型无人机飞行操控的相同与不同要求来介绍飞行训练；第 6 章介绍无人机在不同领域、不同任务要求下对工作实施过程、方法的组织和规划；第 7 章介绍无人机操控者必须了解的空域法规及飞行报备要求。最后附录为无人机专业术语表与外场飞行记录表。

本书由杨宇主编，陈明担任副主编。其中陈明负责编写第 1～3 章，杨宇负责编写第 4～7 章。书中内容体现了由杨宇带领的无人机创研团队的智慧结晶。西北工业大学出版社对部分内容提出了中肯的修改意见，在此谨致谢意！

编写本书曾参阅了相关文献资料，在此向其作者表示衷心的感谢！

由于笔者水平有限，书中难免有不足和疏漏之处，恳请各位专家、读者给予批评指正！

编　者

2019 年 4 月

目　　录

第1章 绪 论

内容提示

中小型固定翼和旋翼战术无人机系统的出现,标志着无人机进入大规模应用时代。我国的无人机事业走出了一条具有中国特色的发展道路,随着世界新技术革命的深入发展,无人机的性能不断完善,形成了完整的体系结构。无人机系统由飞行系统、地面控制系统和任务载荷系统组成。根据结构形态、飞行情况和任务类型等有不同的分类,在各行各业有着广泛的应用。

教学要求

(1)了解无人机来源与发展史;

(2)了解无人机与航模的区别,掌握无人机基本概况;

(3)了解无人机的基本组成及分类;

(4)了解无人机行业应用与发展。

内容框架

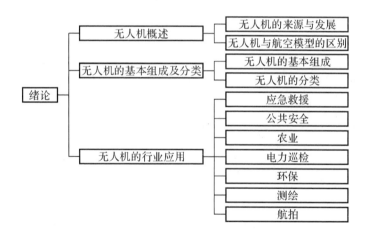

1.1 无人机概述

1.1.1 无人机的来源与发展

1.全球无人机的来源与发展

第一架无人机由美国人 Lawrence 和 Sperry 在 1916 年制造,初始是一种"姿态控制",他们发明了一种陀螺仪代替飞行员来稳定飞机,从而促使了无人驾驶的实现。

1945 年,第二次世界大战之后将退役的飞机改装作为新型飞机的研究或者是靶机,开创了近代无人机使用的先河。随着电子信息技术的进一步发展,无人机体现出了在担任侦察与监视任务中的重要性。

20世纪90年代后,西方国家意识到无人机在战争中可发挥重要的作用,于是在无人机的研发上应用了更多高新技术:为了增加无人机的续航时间,不断研究设计新翼型及应用更多的轻型材料;采用更加先进的信息处理与通信技术,提高了无人机的图像与数字化传输速度;不断升级的自动驾驶仪使无人机不再需要陆基电视屏幕领航,而是按照相应程序设定完成飞行任务。

无人机技术在20世纪经历了三次发展浪潮,真正进入了一个"黄金时代":1990年后,全球共有30多个国家装备了大型战术无人机系统,代表机型有美国"猎人""先驱者",以色列"侦察兵""先锋"等;1993年后,以美国"蒂尔"无人机发展计划为代表,中高空长航时军用无人机得到迅速发展;20世纪末,中小型固定翼和旋翼战术无人机系统出现,其体积小、价格低和机动性好,使无人机进入了大规模应用时代。

2.中国无人机的研发与制造过程

中国无人机研制始于20世纪五六十年代,逐步形成了靶机、高空无人照相侦察机等系列,具备自行研发设计与小批量生产能力。值得一提的是"长空一号"靶机作为一架大型喷气式的高亚声速无人机,不仅开创了我国无人机研发与应用的先河,更是在它的基础上改装成核试验取样机,并于1977年圆满完成了第一次核试验穿云取样任务。

我国不仅高度重视无人机作为靶机、侦察机和核试验取样机等的军事用途,并且积极地进行民用无人机的研发工作。经过对军用无人机的适当改装,可使其执行大量的民用任务,如大气污染监控、地形与矿区勘察等。这也形成了我国无人机在军、民两用上共同研发进步的传统。我国先后开发了WZ-2000隐身无人机、"蜂王"无人机和"翔鸟"无人驾驶直升机等一系列无人机,直至形成现在种类、用途多样的无人机系统研发制造体系。

现今,我国无人机研制发展迅速。其代表机型,一是"翼龙"无人机。这是一种军民两用的中低空、长航时、多用途的无人机,装配一台100马力(1马力=735.499 W)活塞发动机,具备全自主平台,它代表了目前我国无人攻击机研制的最新水平,是中国无人机制造领域的"当家明星"。二是"彩虹四号"(CH-4)无人机。这是一款中空、长航时、侦察与打击一体的大型军用无人机,在我国同级别无人机系统中属于飞行能力最优秀、挂载能力最强的无人机,被称为中国军用航空的领秀之作、中国版的"死神"。"彩虹四号"无人机系统的主要构成包括中空长航时无人机、地面遥测遥控站和全面的保障设备。无须中途加油,最远航程能达到3 500 km,巡航时间可达40 h。该飞机装有性能优良的相机、SAR雷达和通信设备,除此以外,还可以挂载精确制导武器,对地面固定和低速移动目标进行精确打击。

我国的无人机事业发展虽越来越迅速,但还需要继续做好研发与制造,为国防建设和国民经济建设提供更好的服务。国产无人机相关机型如图1-1-1所示。

1.1.2 无人机与航空模型的区别

无人机与航空模型(以下简称"航模")的区别存在于很多方面,下面从定义、飞控系统、功能、人机界面、自动控制、组成、用途、管理等多个方面来梳理这两者之间的区别。

1.定义的区别

当前,我国对航模的定义是要求在视距内飞行,高度不得超过120 m,并且有尺寸限制,有带动力系统和不带动力系统两种模式。而对无人机的定义要求大有不同。无人机可以完全不用遥控器,可以通过电脑、地面站、地面电路来指挥,可以飞到数千千米以外,现在已知的无人机的最大续航时间达到了 48 h,长距离飞行是航模远达不到的。

翼龙无人机　　　　　　　　彩虹-4无人机

国产航拍无人机

图 1-1-1　国产无人机

2.飞控系统的区别

无人机和航模最大的区别,在于有无智能化的飞控系统。

无人机通过中央飞控系统,控制飞机的姿态和机动,是由程序控制的,通过数据链将地面控制参数与无人机进行交互,完全可以实现自主飞行。

航模是要在视距范围内通过遥控设备实现机动和姿态调整来控制飞行,本身没有自动化的飞控系统。

3.功能的区别

无人机的功能有明确的个性化要求,由机上的有效载荷来完成执行任务能力。无人机可应用于各行各业,比如军用、巡查、航拍、测绘和农业等。航模则主要是用来供学生学习和练习如何飞行。

4.人机界面的区别

最直观的区别还是从人机界面来区分无人机和航模。一般来说带有天线的游戏手柄状设备,多定义为航模;而带有显示器、摇杆及控制鼠标的设备,则多定义为无人机。

5.自动控制的区别

在自动控制方面,无人机能够智能应对各种情况,进行任务执行,与地面站进行数据融合和任务确认,并进行下一步操作。而大多数航模的自动控制只能实现失控后自动返航。

6.组成的区别

无人机比航模要复杂。航模由机体、动力系统和视距内遥控系统组成,主要是为了大众的观赏性,追求的是外表的逼真或是飞行轨迹等,科技含量并不高。

无人机系统由飞行平台、动力系统、飞控导航系统、链路系统、任务系统和地面站等组成,主要是为了完成特定任务,追求的是系统的任务完成能力,科技含量高。

7.用途的区别

无人机多执行超视距任务,目前主要应用于军用与特种民用,最大任务半径达上万千米。

通过机载导航飞控系统自主飞行,通过链路系统上传控制指令和下传任务信息。航空模型通常在视距范围内飞行,飞机上一般没有任务设备。很多航空模型系统也有类似无人机的能力,可以在视距内直接遥控操作。

8.安全管理的区别

在我国,航空模型划分由国家体育总局下属航空运动管理中心管理;民用无人机由民航局统一管理;军用无人机由军方统一管理。

1.2 无人机的基本组成及分类

1.2.1 无人机的基本组成

随着无人机性能的不断发展和完善,无人机也形成了完整的体系构成。无人机系统由飞行系统、地面控制系统和任务载荷系统组成。

1.飞行系统

飞行系统是无人机系统组成的空中部分,包括飞机机体、飞行操控装置、动力装置、发射与回收设备、供电设备等。

2.地面控制系统

无人机地面控制系统是整个无人机系统组成中非常重要的部分,是无人机与地面操作人员直接交互的渠道。它包括任务规划、实时监测、任务回放、数字地图和通信数据链等功能,具备集控制、通信和数据处理于一体的综合能力,是整个无人机系统的控制中心。无人机地面控制系统的详细功能如下。

(1)飞行监控功能:无人机通过无线数据传输链路,下传飞机当前各状态信息。地面站将所有的飞行数据保存,并将主要的信息用相应控件显示,供地面操纵人员参考。同时根据飞机的状态,实时地发送控制命令,操纵无人机飞行。

(2)地图导航功能:可以对无人机提前规划航点航线,观察无人机任务执行情况,同时根据无人机下传的经纬度信息,将无人机的飞行轨迹标注在电子地图上。

(3)任务回放功能:根据保存在数据库中的飞行数据,在任务结束后,使用回放功能可以详细地观察无人机在执行任务过程的每一个细节,检查任务效果。

(4)天线控制功能:地面控制站实时监控天线的轴角,根据天线返回的信息,对天线校准,使之能始终对准飞机,实时控制无人机飞行。

3.任务载荷系统

任务载荷系统是指在无人机上搭载为完成任务的有效载荷设备。无人机任务载荷系统的快速发展极大地扩展了无人机的应用领域。无人机根据其功能和类型的不同,其上装备的任务载荷系统也不相同,常见的有效载荷设备有云台、相机、喊话器、农药箱、热成像模块和红外线模块等。

1.2.2 无人机的分类

(1)按照飞机结构形态分类,无人机主要分为两大类型:一类是垂直起降型无人机,主要包括无人飞艇、单旋翼无人机和多旋翼无人机等;另一类是非垂直起降型无人机,市场应用比较广泛的是固定翼无人机,同时也包括三角翼无人机及伞翼无人机等。上述各类无人机的主要特点见表 1-2-1。

表 1-2-1 无人机分类及主要特点

分 类		特 点
垂直起降型	无人飞艇	结构简单、留空时间长、能耗低
	单旋翼无人机	垂直起降、载重能力高、可悬停
	多旋翼无人机	结构简单、造价低、操控能力好
非垂直起降型	固定翼无人机	续航时间长、巡航速度高、负载能力强

(2)按不同使用领域、任务来划分,无人机可分为军用、民用两大类,对于无人机的性能要求各有偏重。

1)军用无人机对于飞行高度、速度和智能化等有着更高的要求,主要用于战场侦察,电子干扰、携带集束炸弹、制导导弹等武器执行攻击性任务,以及用作空中通信中继平台、核试验取样机、核爆炸及核辐射侦察机等,要求其具有结构精巧、隐蔽性强和性能机动灵活等特点。

2)民用无人机一般对于速度、升限和航程等要求都较低,但对于人员操作培训、综合成本有较高的要求,因此需要成熟的产业链提供尽可能低廉的零部件和技术支持服务。目前民用无人机最大的市场在农业植保、环境保护、航拍、警用、消防和气象等。无人机将来最大的发展市场就在民用机型,新增市场需求将可能出现在货物速递、数据获取和空中无线网络等领域。

3)按照无人机所能担负的任务或功用分类,是一种最容易理解的分类。根据无人机所能执行的任务,可将无人机分为靶机、无人侦察机、航拍机和农业植保机等。这种分类方法突出的是无人机的任务特性。对于很多常用的无人机设备来说,往往存在着利用相同的无人机平台搭载不同的任务载荷系统而成为另一功能无人机的现象。

(3)按照飞行器的大小和质量分类,民用无人机分为微型、轻型、小型、中型和大型。微型无人机,是指空机质量小于 0.25 kg 的无人机;轻型无人机,是指同时满足空机质量不超过 4 kg,最大起飞质量不超过 7 kg 的无人机;小型无人机,是指空机质量不超过 15 kg 且最大起飞质量不超过 25 kg 的无人机;中型无人机,是指空机质量超过 15 kg 且最大起飞质量超过 25 kg 不超过 150 kg 的无人机;大型无人机,是指最大起飞质量超过 150 kg 的无人机。

(4)按活动半径分类,无人机可分为超近程无人机、近程无人机、短程无人机、中程无人机和远程无人机。超近程无人机活动半径在 15 km 以内;近程无人机活动半径在 15~50 km 之间;短程无人机活动半径在 50~200 km 之间;中程无人机活动半径在 200~800 km 之间;远程无人机活动半径大于 800 km。

(5)按任务高度分类,无人机可分为超低空无人机、低空无人机、中空无人机、高空无人机和超高空无人机。超低空无人机任务高度在 0~100 m 之间;低空无人机任务高度在 100~1 000 m 之间;中空无人机任务高度在 1 000~7 000 m 之间;高空无人机任务高度在 7 000~18 000 m 之间;超高空无人机任务高度大于 18 000 m。详细划分如图 1-2-1 所示。

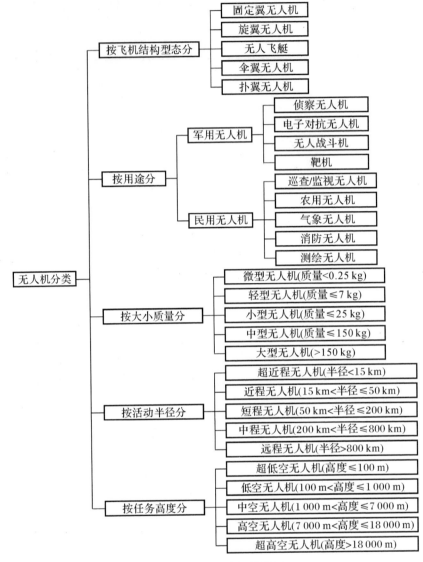

图 1-2-1 无人机分类图

1.3 无人机的行业应用

无人机具备成本相对较低、无人员伤亡风险、执行能力强、机动性能好和使用方便等优势，因此在地质测量、高压输电线路巡检、油田管路检查、高速公路管理、森林防火巡查、毒气勘察、缉毒和应急救援救护、航拍等民用领域发展极为迅速，占据很大市场份额。

1. 应急救援

利用搭载了高清拍摄装置的无人机对受灾地区进行航拍，提供实时影像。对于争分夺秒的灾后救援工作而言，意义非凡。此外，无人机保障了救援工作的安全，通过航拍的形式，避免了那些可能存在危险的地带，将为合理分配救援力量、确定救灾重点区域、选择安全救援路线以及灾后重建等提供很有价值的参考。同时,无人机可全方位地监测受灾地区的情况,以防引发次生灾害。

2. 公共安全

在特别危险的大规模动乱中,无人机可以用于对暴力人群的空中监控,这可以在实时掌握情况的同时,避免现场维护安全人员遇到危险。对于特别危险的暴力犯罪嫌疑分子,动用无人机进行空中定点杀伤。搭载配备面容和体形特征的图形识别功能设备后,空中巡逻的无人机也可以在人群中搜寻、识别追捕对象,这比通过固定的街头摄像头要有效得多。

3. 农业

无人机植保作业与传统植保作业相比,具有高效环保、精准作业、智能化和操作简单等特点,为农户节省购置大型机械和人力输出的成本。无人机可用于土壤和农田分析。借助无人机,可以生成准确的三维地图,用于土壤属性、土壤含水量和土壤侵蚀等方面的分析,这些对于精播种植模式下的播种非常重要。无人机还可以用来制作显示精确的作物生长情况时间序列动画,用于显示作物精准的生长过程,更好地管理作物。使用无人机进行农药喷洒被证明比其他传统方法更快。

4. 电力巡检

装配有高清数码摄像机以及定位系统的无人机,可沿电网进行定位自主巡航,实时传送拍摄影像,监控人员可在电脑上同步收看与操控。无人机实现了电子化、信息化和智能化巡检,提高了电力线路巡检的工作效率、电力应急水平和供电可靠率。而在山洪暴发、地震灾害等紧急情况下,无人机可针对电力线路的潜在危险,诸如塔基陷落等问题进行紧急排查,丝毫不会受到周边状况影响,既免去攀爬杆塔之苦,又能勘测到人眼的视觉死角,对于迅速恢复供电很有帮助。

5. 环保

无人机在环保领域的应用,大致可分为三种类型。环境监测:监测空气、土壤、植被和水质状况,也可以实时监测突发环境污染事件的发展;环境执法:环境监察部门可利用搭载了特定采集与分析设备的无人机在规定区域巡航,观测工厂的废气与废水排放、施工单位的扬尘情况,确定污染源;环境治理:利用携带了气象探测设备和催化剂的无人机在空中进行喷洒,在一定区域内消除环境污染。

6. 测绘

测绘应用在无人机工程领域的研究中占很大的比例。使用无人机测绘只需要工作人员提前标画和设置控制点,操控人员半自主控制无人机即可。与传统测绘比较,使用测绘无人机可以得到平均 20 cm/像素的精度,对于 100 公顷(1 公顷＝10 000 m²)的地方而言,无人机测到的点可以达到 2 500 万个,能得到更清晰的地形与地面图像。但目前大部分极其精确的设备由于体积或质量过大,无人机无法承载,现今为止,还无法改变传统测绘的地位。相信随着新技术的发展,将研究出更多适合无人机搭载的高精度的设备,轻小型化的设备会越来越多,尤其是高尖端仪器如高光谱成像系统等,相信无人机在测绘领域会得到更广泛的应用。

7. 航拍

无人机还可搭载高清摄像机,在无线遥控的情况下,根据拍摄需求,从空中进行拍摄。无人机实现了图像的高清实时传输,其距离可长达 5 km,而标清传输距离则长达 10 km。

随着无人机行业基础技术的逐渐成熟,无人机的应用领域由单一的军事领域扩展到民用领域,无人机厂商也由国有企业逐渐向民营企业转化。不断成熟的飞行控制系统、发动机技术使总体技术更加完善,进而推进了市场需求的更大化,最终将使整个无人机行业趋向成熟。因此,可以预测无人机行业将迎来发展成熟的黄金时代。

章 节 小 结

中小型固定翼和旋翼战术无人机系统的出现,标志着无人机进入大规模应用时代。目前,我国军用无人机的发展,主要代表有"翼龙"无人机和"彩虹四号"(CH-4)中空长航时无人机。我国无人机的发展走出了一条具有中国特色的发展道路,随着世界新技术革命的深入发展,无人机技术领域的发展也越来越迅速。无人机与航模的主要区别在于是否有智能化的飞控系统。无人机的基本组成包括飞控系统、地面控制系统以及任务载荷系统。无人机具备成本相对较低、无人员伤亡风险、执行能力强、机动性能好和使用方便等优势,因此在地质测量、高压输电线路巡检、高速公路管理、森林防火巡查、毒气勘察、缉毒和应急救援救护、航拍等民用领域应用前景极为广阔。

习 题

1.无人机进入大规模应用时代的标志是什么?

2.无人机与航模的区别有哪些?

3.无人机基本常用术语有哪些?(至少写出 6 个)

4.请简述无人机的基本组成。

5.什么是任务载荷系统?常见的载荷有哪些?

6.无人机按飞行平台分类可分为哪几种?

7.无人机按飞行用途分类可分为哪几种?

8.目前无人机应用在哪些领域?

第2章 无人机的结构及飞行原理

内容提示

近年来无人机的应用逐渐广泛,不少爱好者想集中学习无人机的知识。本章将从最基本的无人机系统组成结构、飞行原理等方面着手,集中讲述无人机的基本知识。

教学要求

(1)掌握两个飞行基本定理;

(2)了解固定翼、多旋翼、常规旋翼无人机的结构组成;

(3)了解固定翼、多旋翼、常规旋翼无人机的飞行原理。

内容框架

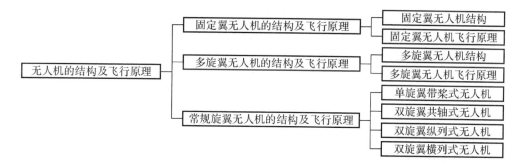

2.1 固定翼无人机的结构及飞行原理

2.1.1 固定翼无人机结构

1.固定翼无人机结构组成

大多数固定翼无人机主要由机翼、机身、尾翼、起落装置和动力装置五部分组成,固定翼无人机如图2-1-1所示。

(1)机翼。机翼是无人机产生升力的主要部件,机翼后缘有可操纵的活动面,翼内侧的是襟翼,用于增加起飞、着陆阶段的升力。位于外侧的叫作副翼,用于操控无人机的滚转运动。

(2)机身。机身主要是无人机其他结构部件的安装基础,将机翼、尾翼及发动机等连接成一个整体,还可以装载设备、燃料等。

(3)尾翼。尾翼是用来稳定和操纵无人机飞行姿态的部件,通常包括垂直尾翼(垂尾)和水平尾翼(平尾)两部分。垂直尾翼由固定的垂直安定面和安装在后面可活动的方向舵组成,水平尾翼由固定的水平安定面和安装在其后部可活动的升降舵组成。方向舵用于控制无人机的航向运动,升降舵用于控制无人机的俯仰运动。其中一些型号的无人机升降舵由全动式水平尾翼代替。

(4)起落装置。起落装置是飞行器重要的具有承力兼操纵性的部件,起落架是用来支撑无人机停放、滑行、起飞和着陆滑跑的部件，由支柱、缓冲器、刹车装置、机轮和收放机构组成。陆上无人机的起落装置一般由减震支柱和机轮组成，此外还有专供水上无人机起降的带有浮筒装置的起落架和雪地起飞用的滑橇式起落架。

（5）动力装置。动力装置是用来产生拉力或是推力的，使无人机前进，它的性能直接影响到无人机的性能与可靠性。

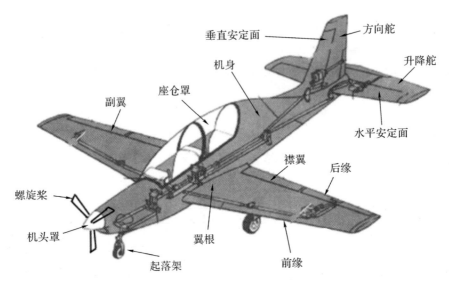

图 2-1-1　固定翼无人机部位图

2. 机翼构造

固定翼无人机靠空气动力飞行，机翼剖面的形状叫作翼型，很大程度地影响着机翼上产生的升力大小。翼型最前端的一点叫"前缘"，最后端一点叫"后缘"。前缘和后缘之间的连线叫"翼弦"。其中上下弧线内切圆圆心点组成的弧线叫"中弧线"。翼型名称与中弧线大有关系。翼型构造如图 2-1-2 所示。

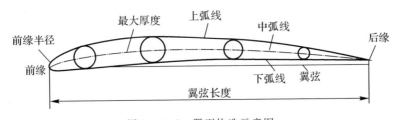

图 2-1-2　翼型构造示意图

常用的翼型有以下几种类型，如图 2-1-3 所示。

（1）平凸翼型：这种翼型的升阻力较小，安全性好，制作调整也比较容易。

（2）对称翼型：这种翼型在所有翼型中的阻力是最小的。

（3）凹凸翼型：这种翼型升阻力较大，能生成较大的升力，同时阻力也较大。

（4）双凸翼型：这种翼型比对称翼型的升阻比大。

（5）S翼型：这种翼型力矩特性稳定。

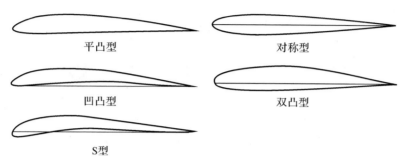

图 2-1-3　常见翼型图

3.动力装置

固定翼无人机动力装置主要由螺旋桨、发动机组成。发动机可分为电动机与燃油类发动机。螺旋桨的选择与发动机息息相关。

(1)电动机。电机指依据电磁感应定律和电磁力定律实现机电能量转换和信号传递与转换的装置。电机的作用是将电能转化为动能,带动螺旋桨转动,从而实现无人机的飞行。目前,大多数电动无人机使用的是无刷电机配备无刷电子调速器,无刷电机具备可控性强、低干扰、噪声小、运转顺畅、寿命长和低维护成本等优势。电机参数含义:例如 2212,1 400 KV。2212 中前两位 22 代表电机转子的直径,12 代表转子的高度;1 400 KV 代表输入电压每增加 1 V,电机每分钟空转转速增加 1 400 转。电机电压的输入与电机空转转速成线性比例关系。电机外形如图 2-1-4 所示。

图 2-1-4　电机

(2)燃油类发动机。燃油类发动机分为活塞式发动机、喷气式发动机和火箭发动机,如图 2-1-5 所示。

1)活塞式发动机是一种小型或微型内燃机,经过近 100 年的发展,逐步发展出二冲程、四冲程。它们的共同特点是体型小、转速高、功率大、质量小,几乎全部用风冷散热,运行系统简单、可靠。常用的活塞式发动机分别有压燃式发动机、电热式发动机和电点火式发动机三种。

2)喷气式发动机通过燃料爆燃产生高温高压气体,由喷射管喷出时,气流的反作用力推动无人机飞行。目前用于无人机的喷气式发动机有脉冲式和涡轮式两种。

3)火箭发动机基本都是按国际航联的标准要求和规定专业化生产的定型产品。由于火箭发动机制作时存在危险,一般不能自行制作。

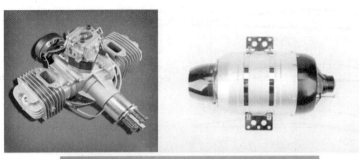

图 2-1-5 燃油类发动机

（3）螺旋桨。无人机动力的产生大部分是依靠发动机带动螺旋桨转动产生气流从而产生飞机动力的。螺旋桨的材质有木质、碳纤维、复合材料和普通塑料等。螺旋桨分为正反桨、定距桨和变距桨。螺旋桨参数：例如 8060、1060 桨叶，前两位数 80、10 为螺旋桨的直径，一般来说，数值超过 30 要先除以 10，那么得出分别为 8 in 桨、10 in 桨；后两位数 60 为螺距（螺旋桨每转一圈，就会向前进一个距离，连续旋转就形成一段螺距）。螺旋桨与电机的搭配，也称之为配桨关系（见表 2-1-1）。

表 2-1-1 电机与螺旋桨搭配方法

电机额定电压/kV	螺旋桨直径/in
800～1 000	11～10
1 000～1 200	10～9
1 200～1 800	9～8
1 800～2 200	8～7
2 200～2 600	7～6
2 600～2 800	6～5

4.起飞方式

固定翼无人机起飞方式大致分为滑跑起飞、弹射发射、垂直起飞和零长发射起飞，如图 2-1-6所示。

（1）滑跑起飞。这种起飞方式与有人机相似，有以下不同：

1）大多数无人机，尤其是轻、微型无人机，采用固定起落架，航程较远和飞行时间较长的大、小型无人机采用可收放起落架。

2)有些无人机采用可弃式起落架,在无人机滑跑起飞后,起落架便被扔下。

(2)弹射发射起飞。无人机安装在压缩空气、橡皮筋或液压等轨道式装置上,在弹射作用下起飞,无人机飞离发射装置后,在主发动机作用下完成飞行任务。

(3)垂直起飞。固定翼无人机垂直起飞有两种情况。一种是飞机在起飞时,由飞机尾支座支撑飞机,以垂直姿态安置在发射场上,在发动机作用下起飞。另一种是在机上配备垂直起飞用发动机,在该发动机推力作用下,飞机垂直起飞。

(4)零长发射起飞。无人机安装在零长发射装置上,机身尾部装有一台涡喷发动机,在其后通过推力杆连接一台助飞火箭发动机。在助飞火箭发动机推力作用下飞离发射装置,无人机起飞后,抛掉助飞火箭,再由机上主发动机完成飞行任务。

图 2-1-6　无人机起飞方式

5.起落装置

起落架按照布置形式可分为前三点式与后三点式,按照结构分为构架式起落架、支柱式起落架和摇臂式起落架三类。

(1)前三点式起落架。前轮布置在飞机头部的下方,两个主轮保持一定距离左右对称地布置在飞机重心稍后处。飞机在地面滑行和停放时,机身基本处于水平位置,如图 2-1-7 所示。

1)优点:飞机轴线接近水平,因此起飞滑跑阻力小,加速快,起飞距离短。地面滑行时,操纵转弯较为灵活。具有滑跑方向稳定性。当机身轴线偏离滑跑方向时,主轮摩擦力的合力将产生恢复力矩,使飞机回到原来的运动方向。侧风着陆时较安全。当飞机以较大速度小迎角着陆时,主轮着陆撞击力对飞机重心产生低头力矩,减小迎角,使飞机继续沿地面滑行而不致产生"弹跳"现象,因此着陆操纵比较容易。

2)缺点:前起落架承受的载荷相对来说会比较大。着陆滑跑时处于小迎角状态,因而不能充分利用空气阻力进行制动。在跑道上滑行时,超越障碍的能力也比较差。

(2)后三点式起落架。两个主轮左右对称布置在飞机重心稍前位置,尾轮布置在飞机的尾部。在降落状态时,飞机大部分的质量落在主起落架上,其余的一小部分由尾支撑来分担,如

图2-1-8所示。

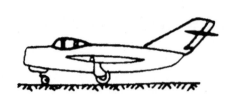

图2-1-7 前三点式起落架

图2-1-8 后三点式起落架

1)优点:后三点式起落架整体构造比较简单,质量也较轻。对于螺旋桨飞机来说,要产生大的推力,桨叶就需要安装得很大,这就迫使飞机在设计安装时就需要提高螺旋桨发动机的离地高度,而正好装有后三点式起落架的飞机停留在地面时机头抬起很高,迎角很大。所以后三点式起落架更适合配置螺旋桨的飞机。正常着陆时,三个机轮同时触地,这就意味着飞机在滑翔降落时的姿态与地面滑跑、停机时的姿态相同。

2)缺点:对起飞着陆的滑行速度及距离的要求很高。若着陆速度过大,主轮接地的冲击力会使飞机抬头迎角增加,会引起飞机升力增大而重新离地,甚至会跳起后失速。在大速度滑跑时,遇到前方撞击或强烈制动,容易发生倒立现象。因此为了防止倒立,后三点式起落架不允许强烈制动,因而使着陆后的滑跑距离有所增加。地面滑跑时方向稳定性差。如果在滑跑过程中,遇到侧风或者两轮受力不等干扰的情况,会使飞机相对其轴线转过一定角度,这时在支柱上形成的摩擦力将产生相对于飞机质心的力矩,它使飞机转向更大的角度。

(3)构架式起落架。主要特点是这种起落架没有收放机构,又称为固定式起落架。它通过承力构架将机轮与机翼或机身相连。承力构架中的杆件及减震支柱都是相互铰接的。它们只承受各自轴线方向的轴向力,而不承受弯矩。常装有加强支柱用以加大减震支柱受力的能力。具有结构简单、质量轻的优点,但飞行时会产生一定的阻力,如图2-1-9所示。

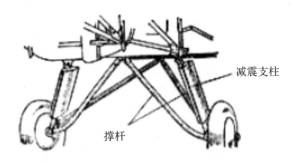

减震支柱

撑杆

图2-1-9 构架式起落架

(4)支柱式起落架。主要特点是减震器与承力柱合二为一,机轮直接固定在减震器的活塞杆上。由收放要求来决定减震支柱与机翼的连接形式。扭矩可通过扭力臂传递,也可以通过活塞杆与减震支柱的圆筒内壁来传递。这种形式的起落架构造简单紧凑,易于收放,而且质量较小。支柱式起落架的缺点在于缓冲作用只能在减震支柱受轴向力时起作用,而当受到水平撞击时不能使减震支柱受轴向压缩,减震支柱将受弯矩,容易磨损及出现卡滞现象,会影响减震器的密封性能,如图 2-1-10 所示。

(5)摇臂式起落架。主要特点是机轮通过摇臂与减震器的活塞杆相连。减震器也可以作承力支柱。这种形式的活塞只承受轴向力,不承受弯矩,因而密封性能会更好,可加大减震器的初始压力用以减小减震器的尺寸,克服了支柱式起落架的缺点,因而得到了广泛的应用。摇臂式起落架的缺点是构造较复杂,在使用过程中接头受力较大,磨损较大,如图 2-1-11 所示。

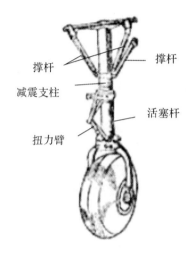

图 2-1-10　支柱式起落架

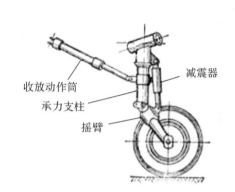

图 2-1-11　摇臂式起落架

2.1.2　固定翼无人机飞行原理

1.空气动力定理

无人机是重于空气密度的飞行器,当无人机飞行在空中时,就会产生作用于无人机的空气动力,无人机就是靠空气动力升空飞行的。在了解无人机升力和阻力的产生之前,还需要明白空气流动的特性,即空气流动的基本规律。流动的空气就是气流,属于流体,这里要引用两个流体定理:连续性定理和伯努利定理。

流体的连续性定理:当流体连续不断而稳定地流过一个粗细不等的管道时,由于管道中任何一部分的流体都不能中断或挤压起来,因此在同一时间内,流进任一切面的流体的质量和从另一切面流出的流体质量是相等的,如图 2-1-12 所示。

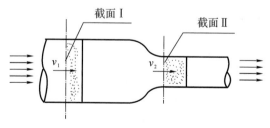

图 2-1-12　连续性定理示意图

设想在稳定流动的液体中,截取一个截面积很小的流管,在流管中取任意两个截面 A、B,

它们的面积分别为 S_1 和 S_2，要求所有通过 S_1 的流线都有相同的速度 v_1，通过 S_2 的流线都有相同的速度 v_2，那么定义：在某一时间里，通过某一横截面的流体体积和时间的比叫作通过这个截面的流量。如果用 Q 表示在时间 t 内通过截面 S 的流量，那么 $Q=\dfrac{V}{t}$。式中，V 表示通过截面 S 的流体的体积，并从此式可以看到流量的单位应是 m^3/s。因为在稳流中流体经过任一固定点的速度不随时间变化，所以在任意时间 t 内经过 S 面的流体长度 $l=vt$，这段时间内流过的流体的体积 $V=Svt$，所以 $Q=\dfrac{V}{t}=\dfrac{Svt}{t}=Sv$。若 V 的单位为 m^3，那么，S 的单位为 m^2，v 的单位是 m/s。设想在所截取的流管中，通过截面 S_1 处的流量为 Q_1，$Q_1=S_1v_1$；同理，$Q_2=S_2v_2$。由于理想流体具有不可压缩性，而且流体不会穿过流管的外壁，即质量在运动过中守恒，所以 $Q_1=Q_2$，即 $S_1v_1=S_2v_2$，这个关系式叫作理想流体的连续性定理或连续性方程。

由从上述关系式可得出：在同一流管内，流体的流速和它流经的截面积是成反比的，即截面积大的地方流速小，截面积小的地方流速就大。如果流管的两处截面积相等，那么流体流过的速度也相同。

连续性定理阐述的是流体在流动中流速和管道切面之间的关系。然而，流体在流动中，流速和压力之间也存在联系。伯努利定理就是要阐述流体在流动中流速和压力之间的关系。能力守恒定律是伯努利定理的基础。

伯努利定理基本内容：流体在一个流管中流动时，流速小的地方压力大，流速大的地方压力小，如图 2-1-13 所示。

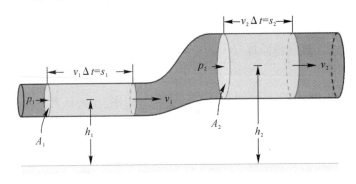

图 2-1-13　伯努利定理示意图

根据伯努利定理可以推出一系列重要结果。例如，考虑大容器内的水在重力作用下的小孔出流问题。由伯努利定理可推出著名的托里拆利公式为

$$h+\frac{p_a}{\rho g}+0=0+\frac{p_a}{\rho g}+\frac{v^2}{2g}$$

故得

$$v=\sqrt{2gh}$$

式中，v 为小孔处的流速；h 为容器内水面到小孔的距离。可见，小孔处水的流速和质点从液面自由下落到达小孔时的速度相同，如图 2-1-14 所示。

流体受阻后在前缘驻点处滞止为零。由伯努利定理推出，驻点处的压力为 $p_0=p_\infty+\dfrac{\rho V^2}{2}$。即总压 p_0 刚好等于静压 p_∞ 和动压 $\dfrac{\rho V^2}{2}$ 之和。此外，应用伯努利定理还可以阐明飞机在

飞行时受到气流吹过机翼时,下表面的流速较上表面的低,根据伯努利定理推出,下表面的压力将高于上表面的压力,由此产生了向上的升力。

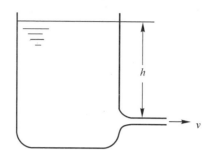

图 2-1-14　托里拆利公式示意图

伯努利定理在水力学和应用流体力学中有着广泛的应用。不仅如此,由于它是有限关系式,常用它来代替运动微分方程,因此在流体力学的理论研究中也有重要意义。

在真实流体中机械能沿流线不守恒,黏性摩擦力所做的功耗散为热能。因此在黏性流体中推广伯努利定理时,必须考虑阻力造成的能量损失。

固定翼无人机的升力绝大部分是由机翼产生,尾翼通常产生负升力来控制机头俯仰,无人机其他部分产生的升力很小,一般不考虑。空气流到机翼前缘,分成上、下两股气流,分别沿机翼上、下表面流过,在机翼后缘重新汇合向后流去。机翼上表面比较凸出,产生的流管较细,说明流速较快,压力降低。而位于机翼下表面的气流受阻挡作用,流管变粗,流速较慢,压力增大。这里就应用到了上述两个定理。机翼上、下表面出现了压力差,垂直于相对气流方向的压力差的总和就是机翼的升力。这样,重于空气的无人机便可以克服自身重力借助机翼上获得的升力飞行。

无人机飞行在空气中会有各种阻力,阻力是与无人机运动方向相反的空气动力,它阻碍无人机的前进,这里也需要对它有所了解。按阻力产生的原因可分为摩擦阻力、压差阻力、诱导阻力和干扰阻力。

(1)摩擦阻力。空气的物理特性之一就是黏性。当空气流过无人机表面时,由于黏性,空气同无人机表面发生摩擦,会产生一个阻止无人机前进的力,这个力就是摩擦阻力。摩擦阻力的大小,取决于空气的黏性、无人机的表面状况以及表面积。空气黏性越大、无人机表面越粗糙、无人机表面积越大,摩擦阻力就越大。

(2)压差阻力。由前后压力差形成的阻力叫压差阻力。无人机的机身、尾翼等部件都会产生压差阻力。

(3)诱导阻力。升力产生的同时还对无人机附加了一种诱导出来的阻力称为诱导阻力。

(4)干扰阻力。无人机各部分之间因气流之间的相互干扰而产生的一种额外阻力就是干扰阻力。这种阻力产生在机身和机翼、机身和尾翼以及机翼之间。

2.飞行姿态原理

当需要控制固定翼无人机向上升或者向下降时,应该绕 Z 轴(俯仰轴)顺时针或者逆时针运动飞行;当需要固定翼无人机机头朝向改变时,应该绕 Y 轴(偏航轴)顺时针或者逆时针运动飞行;当需要控制固定翼无人机机身滚转时,应根据需要的方向做出绕 X 轴(滚转轴)顺时针或者逆时针指令,如图 2-1-15 所示。

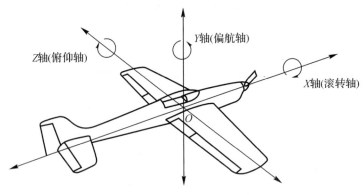

图 2-1-15 无人机姿态示意图

2.2 多旋翼无人机的结构及飞行原理

2.2.1 多旋翼无人机结构

多旋翼无人机,是一种具有三个及以上旋翼轴的特殊无人驾驶飞行器。多旋翼无人机可垂直起降和悬停,操控性强,主要适用于低空、低速、有垂直起降和悬停要求的任务类型。多旋翼无人机结构一般由机架、飞控系统、电机、电调、螺旋桨、电池、起落架、遥控装置、任务设备和数据链路组成。

1. 机架

机架作为无人机的主体,是安装各种设备的基础,而且通过机架数量也会分出类型,如三旋翼、四旋翼、六旋翼和八旋翼无人机等,如图 2-2-1 所示。

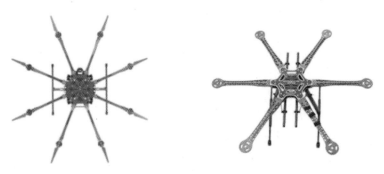

图 2-2-1 多旋翼无人机机架

机架材质包括以下两种。

(1)塑胶机架:具有一定的强度和韧性,价格比较低廉。基础组装多会用到。

(2)碳纤维机架:强度较高,较大地减少了无人机的质量,增加了续航时间。

2. 飞行控制器

无人机的飞行控制系统简称"飞控",主要由陀螺仪(飞行姿态感知)、加速计、地磁传感器、气压传感器(悬停高度粗略控制)、超声波传感器(低空高度精确控制或避障)、光流传感器(悬停水平位置精确控制)、GPS 模块(水平高度粗略定位)以及控制电路组成。主要的功能就是自动保持无人机的稳定飞行姿态。

3.电机

电机是将电能转换为机械能,给多旋翼无人机提供升力的动力机构。现在多旋翼无人机电机基本都是使用外转子无刷电机,无刷电机大大延长了电机的寿命和减少了对设备的干扰,同时无刷电机取消电刷的使用大大减少了摩擦力与噪声,运转更加顺畅。无刷电机需搭配无刷电调。

4.电子调速器

电子调速器(ESC)常称之为电调,通过将飞控的油门控制信号转变为电流信号来控制电机转速。现在多旋翼无人机大部分使用的电调分两类,一种是带 BEC 的电调,另一种则是不带的。带 BEC 的电调可以将电池电压变为 5 V 电压给飞控供电,但是多旋翼无人机尽量只保留一个电调给飞控供电,避免电流之间的相互干扰。如果电调没有 BEC 供电就需要给飞控单独供电。

电调参数:例如 40 A,2～6 V 电调,40 A 为最大持续电流,2～6 V 为最小、最大的供电电压。

5.螺旋桨

螺旋桨是与电机共同使用产生升力的装置。根据电机参数搭配安装。

6.电池

电池是旋翼无人机的供电装置。而现在多旋翼无人机的电池基本上使用的是锂聚合物电池。相关重要参数有电池正常放电倍数 C;串联电池电芯数 S;并联电池电芯数 P。

7.起落架

起落架是多旋翼无人机起飞与降落的保护装置。起落架对机载设备的保护起着关键性的作用,所以对起落架强度与牢固性的要求比较高。

8.遥控装置

遥控装置主要分为发射机、接收机两部分。发射机就是遥控器,发射机将指令信号传输到接收机,进而传输到飞控进行分析,指挥执行,然后进行反馈。

9.任务设备

任务设备即为多旋翼无人机的搭载设备。随着无人机的迅速发展,搭载设备的种类越来越多样化。使用的任务设备有云台、运动相机、摄像机、降落伞、灭火器、喊话器、探照灯、红外成像仪和倾斜测绘仪等。

10.数据链路

数据链路包括数字传输和图像传输两部分。数字传输就是数传,数传保持着飞行器和地面站的联络;图像传输就是图传,图传可以将摄像机即时的图像传输到监视器。

2.2.2　多旋翼无人机飞行原理

多旋翼无人机飞行原理以四旋翼无人机为例讲解,四旋翼无人机结构相对来说比较简单,更适合于介绍飞行原理。多旋翼无人机是由电机的旋转带动螺旋桨,使螺旋桨产生升力拉动无人机起飞。当无人机四个螺旋桨的升力之和等于无人机总重力时,无人机的升力与重力相平衡,无人机就可以悬停在空中了;可通过控制每个轴上电机的转速来控制无人机的平稳与飞行姿态。

多旋翼无人机遥杆操作:油门(Thr)、偏航(Yaw)、横滚(Roll)和俯仰(Pitch)。多旋翼的运动方式都由这四种来操作。当受到外力影响时,飞行器会根据飞控系统中的姿态传感器的反馈来调控电机转速来保持水平和高度。

四旋翼转动过程中由于空气阻力作用会形成与转动方向相反的反扭矩,为了克服反扭力矩的影响,可使四个旋翼中的两个电机正转带动正桨,两个电机反转带动反桨,且对角线上的各个旋翼转动方向相同。反扭矩的大小与旋翼转速有关,当四个电机转速相同时,四个旋翼产生的反扭矩相互平衡,四旋翼飞行器不发生转动;当四个电机转速不完全相同时,不平衡的反扭矩会引起四旋翼飞行器转动。以下以"十"字飞行姿态为例讲解。

1. 垂直上下运动(起飞降落)

油门遥杆直接控制垂直上下、起降。垂直向上运动或起飞:同时提升四个电机 1、2、3、4 的转速,当四个电机产生的拉力大于飞行器自身的重力的时候,飞行器会垂直上升或起飞;垂直下降或降落:同时降低四个电机的转速,当四个电机的拉力小于飞行器的重力的时候,飞行器垂直下降或降落,如图 2-2-2 所示。

2. 俯仰运动

俯仰遥杆直接控制飞行器的向前、向后运动。电机 1 的转速上升,电机 3 的转速下降(改变量大小应相等),电机 2、电机 4 的转速保持不变。由于旋翼 1 的升力上升,旋翼 3 的升力下降,产生的不平衡力矩使机身绕 Y 轴旋转,同理,当电机 1 的转速下降,电机 3 的转速上升,机身便绕 Y 轴向另一个方向旋转,实现飞行器的俯仰运动,如图 2-2-3 所示。

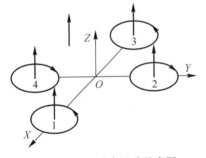

图 2-2-2　垂直运动示意图

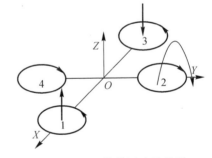

图 2-2-3　俯仰运动示意图

3. 横滚运动

横滚遥杆直接控制飞行器的左右横滚运动。改变电机 2 和电机 4 的转速,保持电机 1 和电机 3 的转速不变,则可使机身绕 X 轴旋转(正向和反向),实现飞行器的滚转运动,如图 2-2-4 所示。

4. 偏航运动

水平方向遥杆直接控制飞行器的左右横滚运动。当电机 1 和电机 3 的转速上升,电机 2 和电机 4 的转速下降时,旋翼 1 和旋翼 3 对机身的反扭矩大于旋翼 2 和旋翼 4 对机身的反扭矩,机身便在富余反扭矩的作用下绕 Z 轴转动,实现飞行器的偏航运动,转向与电机 1、电机 3 的转向相反,如图 2-2-5 所示。

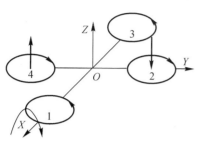

图 2-2-4 横滚运动示意图

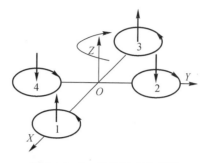

图 2-2-5 偏航运动示意图

2.3 常规旋翼无人机的结构及飞行原理

2.3.1 单旋翼带桨式无人机

1.总体结构

单旋翼带桨式结构:机身、动力系统、减速器、自动倾斜器、传动机构传动轴、起落架和尾桨(无尾桨式除外),如图 2-3-1 所示。

(1)机身:是单旋翼无人机的重要部件,用来支撑和固定连接单旋翼无人机各部件、系统,使无人机满足技术要求。机身外形对单旋翼无人机飞行性能、操纵性和稳定性有重要影响。

(2)动力系统:是用来为单旋翼无人机产生升力的设备。动力装置是由电机和主桨叶组成的。

1)电机:它的主要作用是产生驱动转矩,作为用电器或各种机械的动力源。

2)桨叶:是提供升力的重要部件,除了气动力方面的要求之外,还有动力学和疲劳方面的要求。例如所设计的桨叶的固有频率不与气动力发生共振;桨叶挥舞、摆振频率满足操纵稳定性要求;桨叶承力结构能有较高的抗疲劳性能或采用破损安全设计等。

(3)减速器:单旋翼无人机的主减速器一般为齿轮传动式,它由电机的功率输入端以及功率输出端与旋翼、尾桨附件传动轴相连,是传动装置中最复杂、最大和最重的一个部件。

(4)自动倾斜器:它是单旋翼无人机操纵系统的一个主要组成部分,旋翼的总距及周期变距操纵都要通过自动倾斜器来实现。

(5)尾桨:用来对单旋翼无人机进行航向操纵及平衡反扭矩的部件。旋转着的尾桨相当于一个垂直安定面,能对单旋翼无人机航向起稳定作用。虽然尾桨的功用与旋翼不同,但是尾桨结构与旋翼结构有很多相似之处,它们都是由旋转而产生空气动力,在前飞时处于不对称气流中工作的状态。

(6)传动机构传动轴:发动机与主减速器,主减速器和中、尾减速器以及附件之间均需有传动机构传动轴将其相连,用以传递功率。传动轴根据其用途可分为主轴、中轴和尾轴等。

(7)起落架:单旋翼无人机起落装置的主要作用是缓冲在着陆时由于有垂直速度而带来的能量,保证在整个使用过程中不发生共振。此外,起落装置往往还用来使单旋翼无人机具有在地面滑行的能力,减少滑行时由于地面不平而产生的撞击。

图2-3-1 单旋翼带桨式无人机

2.主要气动特性

单旋翼无人机体停放地面时,旋翼受其本身重力作用而下垂。发动机启动后,旋翼开始旋转,桨叶向上抬,形成一个倒立的锥体,称为旋翼锥体,同时在桨叶上产生向上的力。随着旋翼转速的增加,升力会逐渐增大。当升力超过重力时,单旋翼无人机即开始升空;若升力与重力相平衡,则悬停于空中;若升力小于重力,则降落。

旋转旋翼桨叶所产生的拉力和需要克服阻力产生的力矩的大小,不仅取决于旋翼的转速,还取决于桨叶的桨距。从原理上来讲,调节转速与桨距都可以调节升力的大小。但是旋翼转速取决于发动机(大多数选配的是涡轮轴发动机或活塞发动机)主轴转速;而发动机都会有一个可以保证其效率高、寿命长的转速值,因此,为保证在此转速值左右旋转,升力的改变主要靠调节桨叶的桨距来实现。但桨距的变化将引起阻力力矩的变化,所以在调节桨距的同时还要调节发动机油门,保持转速尽量靠近在最有利的转速值工作。

3.操纵特性

单旋翼无人机的飞行控制与固定翼的飞行控制不同,单旋翼无人机的飞行控制是通过单旋翼无人机旋翼的倾斜来实现的。单旋翼无人机的运动姿态包括六个自由度:惯性坐标系下三个直线方向和旋转坐标系下三个姿态(俯仰、横滚、偏航)。姿态控制力矩来自于主旋翼和尾桨配合。单旋翼无人机主旋翼桨叶不是固定在一个二维平面中的,而是可以上下挥舞的,以此平衡单旋翼无人机主旋翼不平衡的受力。挥舞产生纵横挥舞角,主旋翼拉力就是通过纵横挥舞角投影在其他方向上,并通过桨叶产生力矩控制单旋翼无人机的飞行姿态的。

主旋翼通过自动倾斜器调节周期变距实现挥舞运动。通过这样的结构将伺服电机的转动变化为倾斜器角度的变化,再控制桨距角发生变化,最终将主旋翼的升力投影在运动方向上驱动单旋翼无人机实现三个直线方向上的运动。

单旋翼无人机的发动机驱动旋翼旋转提供升力,其主发动机同时也输出动力至尾部的小螺旋桨,通过调整小螺旋桨的螺距可以抵消大螺旋桨不同转速下产生的反作用力。

2.3.2 双旋翼共轴式无人机

1. 总体结构

双旋翼共轴式无人机的基本特征是两副完全相同的旋翼,一上一下安装在同一根旋翼轴上,两副旋翼间有一定距离,两副旋翼的旋转方向相反,它们的反扭矩可以互相抵消。这样,就不需要再装尾桨。无人机的航向操纵靠上下两旋翼总距的差动变化来完成,如图 2-3-2 所示。

图 2-3-2 双旋翼共轴式无人机

双旋翼共轴式无人机主要优点是结构紧凑,外形尺寸小。这种无人机无尾桨,所以也就不需要装长长的尾梁,机身长度也可以大大缩短,共轴式机身部分一般情况下均在桨盘面积之内,其机体总的纵向尺寸就是桨盘直径。同时有两副旋翼产生升力,与相同重力的单旋翼无人机相比,若采用相同的桨盘载荷,每副旋翼的直径也可以缩短。机体部件紧凑地安排在无人机重心处,所以飞行稳定性好,也便于操纵。与单旋翼带尾桨无人机相比,其操纵效率明显有所提高。共轴式无人机气动力对称,其悬停效率也比较高。双旋翼共轴式无人机的主要缺点是操纵机构比较复杂。

由于以上特点,共轴式无人机的机身较短,同时其结构重力和载重均集中在无人机的重心处,因而减少了无人机的俯仰和偏航的转动惯量。在 10T 级无人机上,共轴式无人机的俯仰转动惯量大约是单旋翼无人机的一半,因此,共轴式无人机可提供更大的俯仰和横滚操纵力矩。并使无人机具有较高的加速特性。由于没有尾桨,共轴式无人机消除了单旋翼无人机存在的尾桨故障隐患和在飞行中因尾梁的振动和变形引起的尾桨传动机构的故障隐患,从而提高了无人机的生存率。

由于采用上下两副旋翼,增加了无人机的垂向尺寸,两副旋翼的桨毂和操纵机构均暴露在机身外。两副旋翼的间距与旋翼直径成一定的比例,以保证飞行中上下旋翼由于操纵和阵风引起的极限挥舞不会相碰。由于共轴式无人机具有特殊的操纵系统构件,两旋翼必须保持一定的间距,两旋翼间的非流线不规则的桨毂和操纵系统部分增加了无人机的废阻面积,因而,共轴式无人机的废阻功率一般来说大于单旋翼带尾桨无人机的废阻功率,因此要将废阻面积降低到单旋翼无人机的水平很困难。共轴式无人机一般采用固定双垂尾以增加无人机的航向操纵性和稳定性。

2.主要气动特性

共轴式无人机具有合理的功率消耗、优良的操纵性和较小的总体尺寸等特点。与单旋翼带尾桨无人机相比,共轴式无人机的主要气动特点为,共轴式无人机具有较高的悬停效率;没有用于平衡反扭矩的尾桨功率损耗;空气动力对称;具有较大的俯仰、横滚控制力矩。

据卡莫夫设计局资料称,通常双旋翼共轴无人机的悬停效率要比带尾桨单旋翼无人机高出 $17\%\sim30\%$。在相同的起飞重力、发动机功率和旋翼半径下,共轴式无人机有着更高的悬停升限和爬升率。

共轴式无人机的另一个重要特性是随着升限增高,其航向转弯速度保持不变甚至有所增加。对单旋翼无人机来说,为平衡反扭矩所需的尾桨功率也需要增加,在尾桨功率供应不足的情况下使航向操纵效率减小。而共轴式无人机不存在这样的问题,由于共轴式无人机不需要额外的功率用于航向操纵,因而改善了航向的操纵效率。

共轴式无人机在各种飞行状态下均不同程度地存在着气动干扰,表现为上旋翼对下旋翼的下气流的影响以及下旋翼对上旋翼的气流的影响,试验和理论研究表明,在悬停和小速度前飞状态下,旋翼的相互影响使得下旋翼的速度比单旋翼的要大得多,而上旋翼的速度与单旋翼几乎相同,略大一些。

与带尾桨单旋翼无人机有所不同的是,共轴式无人机的航向操纵是通过改变上下旋翼总距来实现的。因此,在改变了上下旋翼的扭矩分配后,上下旋翼的升力也有所变化。其结果是,伴随着航向的变化无人机还有升降的变化。因此,这种航向与升降运动的耦合响应,必须通过总距操纵补偿来解决。

3.操纵特性

共轴式无人机与传统单旋翼带尾桨无人机的主要区别是航向操纵的形式和响应不同,其改变上下旋翼的扭矩的方式又分为全差动、半差动、桨尖制动和磁粉制动。

(1)全差动。同时反向改变上下旋翼的桨叶角来实现无人机航向的操纵和稳定,俄罗斯卡莫夫系列共轴式无人机均采用此种控制方式。

(2)半差动。通过改变下旋翼桨叶角来改变上下旋翼的功率分配,使其相等或不等来控制无人机的航向。

(3)桨尖制动。在旋翼桨尖设置阻力板,通过改变阻力板的迎风阻力面积来改变旋翼的扭矩,以实现无人机的航向操纵和稳定,德国研制的无人驾驶飞机 SEAMOS 采用了此种控制方式。

(4)磁粉制动。通过传统系统内部的磁粉离合器对上下旋翼轴进行扭矩分配,加拿大研制的无人机 CLL227 采用了此种形式。

2.3.3 双旋翼纵列式无人机

1.总体结构

双旋翼纵列式无人机两副旋翼分别安装机身前后的两个旋翼塔座,两副旋翼完全相同,但旋转方向相反,用以互相平衡它们的反作用扭矩。通常后旋翼稍高于前旋翼,以避免互相影响,如图 2-3-3 所示。

图 2-3-3　双旋翼纵列式无人机

双旋翼纵列式无人机结构独特,主要用于战术运输、医疗搜救等任务,越来越受到各国的重视,并在战争中得到广泛使用。双旋翼纵列式无人机的主要优势是载重大、尺寸小、利于舰载,同时具有很高的悬停效率。

随着双旋翼纵列式无人机应用领域的不断扩大,其在军事、消防、抢险救灾、海洋开发、工程运输以及基础建设等领域发挥着越来越重要的作用。在海湾、科索沃、阿富汗、伊拉克和越南战争中,双旋翼纵列式无人机展示出了难以替代的优势,发挥了重要作用。

双旋翼纵列式无人机能快速有效地完成战场机动任务。在未来战场上无人机不受地面条件限制,能准确地将物资运送到预定地点,这是它要完成的主要任务,也是其主要特点之一。其可与地面部队密切协作,进行超低空、低空飞行,能准确、清晰地了解地面战斗的情况,并与地面部队保持密切联系,随时配合地面部队行动,将武器弹药和各种后勤补给运送到最急需的地点。

2. 主要气动特性

从气动布局上来看,前旋翼尾涡会对后旋翼产生气动干扰,为了减少后旋翼在前旋翼尾涡中工作所产生的气动干扰程度,要将后旋翼安装在一个支架上,高于前旋翼。纵向操纵通过主旋翼差动总距变化从而使主旋翼拉力改变来进行,滚转操纵由周期变距使拉力产生横向倾斜而得到,而高度操纵则由主旋翼总距的改变来完成。航向操纵是利用差动周期变距使两主旋翼拉力差动横向倾斜来完成。一般说来,纵列式旋翼结构适合中、大型无人机。这种结构无人机的突出特点是纵向重心范围大,可以将机身设计得比较庞大。双旋翼纵列式无人机的明显缺点是结构复杂。

双旋翼纵列式无人机的机身气动力矩不稳定,俯仰惯性和滚转惯性较大,偏航操纵效率较低,这些都会对无人机的操纵品质产生不利影响。双旋翼纵列式无人机尾面布置的主要问题是如何克服由于航向静稳定性不足、反滚转阻尼不足以致飞行时的横向不稳定运动。

与单旋翼无人机相比,双旋翼纵列式无人机的结构紧凑,所以航空母舰大多使用双旋翼纵列式无人机。从安全统计资料可以得出:双旋翼纵列式无人机的事故率明显低于单旋翼无人机,总事故率较低且事故所造成的灾难相对较轻。双旋翼纵列式无人机抗侧风能力强,在大风作用下有较大的操纵余量。悬停时,双旋翼纵列式无人机由于其较大的俯仰阻尼和较大的操纵功效,故其纵向操纵品质优于单旋翼式无人机,而另一方面由于其较低的偏航阻尼和较大的偏航和滚转惯性,导致其横向操纵品质差于单旋翼式无人机。

3.操纵特性

双旋翼式无人机的水平飞行或垂直飞行的操纵原理,与单旋翼直升机的操纵原理相似。每一旋翼将产生的效能大致相同,一般说来,双旋翼的效能是两个单旋翼效能之和。只是双旋翼纵列式无人机在纵向操纵方面和横列式直升机在横向操纵方面有些不同。对于双旋翼纵列式无人机来说,在自动倾斜器向前、向后倾斜的同时,前旋翼和后旋翼总距将产生差动变化,此时,一副旋翼总距将减小,而另一副旋翼的总距将增大。

2.3.4 双旋翼横列式无人机

1.总体结构

双旋翼横列式无人机布局结构对称,两副旋翼在相同的气流条件下工作,两旋翼之间的相互气动干扰受两旋翼间距的影响。其旋翼尾部流场和气动特性与单旋翼相比大有不同,不能像单旋翼一样单独建模,而需耦合建模。此外,横列式独特的机翼与旋翼结构,使其在悬停、低速前进时,旋翼的下部气流会直接冲击机翼表面,在机翼处交汇还将产生"喷泉流效应"导致部分向下载荷,这直接影响到双旋翼横列式无人机的有效载重和操纵品质;同时,这些载荷以低频形式传递到驾驶室,会产生大量噪声。双旋翼横列式无人机旋翼的结构、桨叶的负扭转以及尖削,使其下洗流场特性与传统单旋翼无人机也有较大不同,如图2-3-4所示。

图 2-3-4 双旋翼横列式无人机

2.主要气动特性

双旋翼横列式无人机作为一种旋翼飞行器,依靠旋翼产生主要升力以及操纵力。旋翼作为无人机最重要的部件,其性能好坏直接决定了飞机的性能,而旋翼性能计算的关键就在于旋翼尾迹分析。无人机飞行时,旋翼旋转并受气流的影响,桨叶后缘会迅速卷起形成一股强烈集中的螺旋状桨尖涡,涡线快速运动并随桨叶方位角改变,形成复杂的尾迹几何形状,即旋翼尾迹。旋翼尾迹影响桨盘处的入流分布,从而影响桨叶气动力和旋翼挥舞响应特性。因此,用自由尾迹涡流理论方法准确地计算旋翼的涡尾迹和气动特性是开展双旋翼横列式无人机气动干扰特性问题研究的基础。

3.操纵特性

双旋翼横列式无人机的最大优点是平衡性好,其缺点与双旋翼纵列式无人机差不多,操纵也比较复杂。双旋翼横列式无人机要在机身两侧增装旋翼支架,无形中会增加许多重力,而且也加大了气动阻力。通过改变无人机的旋翼的桨叶角,实现旋翼周期变距,以此改变旋翼旋转平面不同位置的升力来实现改变无人机的飞行姿态,再以升力方向变化来改变飞行方向。同时,无人机升空后发动机保持在一个相对稳定的转速下,通过调整旋翼的总距来得到不同的总升力,用以控制无人机的上升和下降,从而实现了垂直起飞及降落。

章 节 小 结

固定翼无人机主要由机翼、机身、尾翼、起落装置和动力装置五部分组成,而机翼的翼型主要有平凸型、S 型、对称型、凹凸型和双凸型。起落方式主要有滑跑起飞、垂直起飞、弹射发射和零长发射起飞。动力装置主要由无刷电机和螺旋桨组成。固定翼无人机的飞行原理主要包括空气动力学和飞行姿态原理。多旋翼无人机结构一般包括机架、飞控系统、电机、电调、螺旋桨、电池、起落架、遥控装置、任务设备和数据链路。多旋翼无人机飞行原理主要包括垂直上下运动、俯仰运动、偏航运动和横滚运动。常规旋翼无人机主要有单旋翼带桨式、双旋翼共轴式、双旋翼纵列式和双旋翼横列式无人机。单旋翼无人机主要由机体和升力、动力、传动三大系统以及机载飞行设备等组成。单旋翼无人机的飞行控制与固定翼的飞行控制不同,单旋翼无人机的飞行控制是通过单旋翼无人机旋翼的倾斜实现的。单旋翼无人机的控制可分为垂直控制、方向控制、横向控制和纵向控制等。双旋翼共轴式无人机基本特征是两副完全相同的旋翼,一上一下安装在同一根旋翼轴上,两旋翼间有一定间距。两副旋翼的旋转方向相反用以相互抵消反扭力。其改变上下旋翼的扭矩的方式又分为全差动、半差动、桨尖制动、磁粉制动。双旋翼纵列式无人机结构布局独特,主要用于战术运输、医疗搜救等任务,越来越受到各国的重视,并在战争中频繁使用。双旋翼横列式无人机作为一种旋翼飞行器,不仅依靠旋翼产生主要升力,还通过旋翼来获得操纵力。

习 　 题

1.固定翼无人机的组成包括哪些? 各组成的特点是什么?

2.请详述固定翼无人机的飞行原理。

3.电机参数 2212 ,580 KV 值的意义是什么?

4.常见的翼型有几种? 简述其作用。

5.详述多旋翼无人机的飞行原理。

6.飞行控制器的主要组成是什么?

7.请分别叙述各常规旋翼无人机的飞行原理。

8.请详述双旋翼共轴式无人机改变上下旋翼扭矩的方式。

第3章 电子设备

内容提示

无人机的电子设备是无人机的核心控制设备,电子设备基本由遥控器、地面站和飞行控制器组成。本章将详细介绍这三种电子设备的组成及特点。

教学要求

(1)了解遥控器的发展历程及特点;

(2)了解地面站的基本组成;

(3)掌握地面站的调试要领;

(4)了解飞行控制器的组成。

内容框架

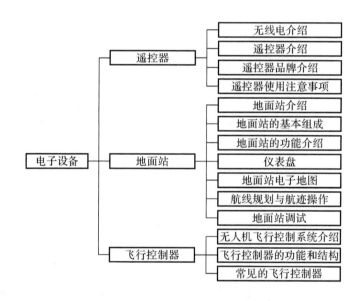

3.1 遥 控 器

3.1.1 无线电介绍

无线电技术是通过无线电波传播信号的技术。无线电技术的原理在于,无线电波的产生来自于导体中电流强弱的改变。利用这一现象,通过调制方式可将信息加载于无线电波之上,当电波通过空间传播到达接收端,电波引起的电磁场变化会在导体中产生电流。然后通过解调的方式将信息从电流变化中提取出来,就达到了信息传递的目的。

1.无线电波的传播方式

对于日常生活中的实际传播环境,由于地面存在各种各样的物体,使得电波的传播有直射、反射和衍射等,另外对于室内的接收方,还有一部分信号来源于无线电波对建筑的穿透。这些都将造成无线电波传播的多样性和复杂性,增大了对电波传播研究的难度,如图3-1-1所示。

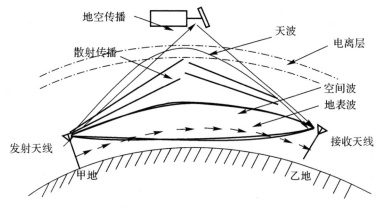

图 3-1-1　无线电波示意图

(1)直射。直射在视距内可以看作无线电波在自由空间中传播。直射波传播的损耗公式同自由空间中的路径损耗公式为 $P_L = 32.44 + 20\lg f + 20\lg d$。式中,$P_L$ 为自由空间的路径损耗,单位是 dB。f 为载波的频率,单位为 MHz。d 是发射源与接收点的距离,单位为 km。

(2)反射、折射与穿透。在电磁波传播过程中遇到尺寸远大于电磁波波长的障碍物时,电磁波在不同介质的交界处会发生反射和折射。障碍物的介质属性也会对反射产生影响。对于良导体,反射不会带来衰减;对于绝缘体,它只会反入射能量的一部分,剩下的被折射到新的介质继续传播;而对于非理想介质,电磁波贯穿介质,介质会吸收电磁波的能量,产生贯穿衰落。穿透损耗大小不仅与电磁波频率有关,而且与穿透物体的材料、尺寸有关。

一般室内的无线电波信号是穿透分量与绕射分量的叠加,而绕射分量占绝大部分。所以,总的来看,高频信号(例如 1 800 MHz)的室内外电平差比低频信号(800 MHz)的室内外电平差要大。并且,低频信号进入室内后,由于穿透能力差一些,在室内进行各种反射后场强分布会更均匀;而高频信号进入室内后,部分又穿透出去了,室内信号分布就不太均匀,也就使接收方会感觉信号波动大。

(3)衍射(绕射)。在电磁波传播过程中遇到尺寸与电磁波的波长接近的障碍物时,电磁波可以从该物体的边缘绕射过去。

(4)散射。在电磁波传播过程中遇到障碍物,这个障碍物的尺寸小于电磁波的波长,并且单位体积内这种障碍物的数目非常巨大时,会发生散射。散射发生在不规则物体、粗糙物体和小物体表面,如树叶、街道标识和灯柱等。

(5)不同距离下无线电波的传播。

1)视距传播。无线电波视距传播的一般形式主要是直射波和地面反射波的叠加,结果可能使信号加强,也可能使信号减弱。由于地球是球形的,受地球曲率半径的影响,视距传播存在一个极限距离 $R_{\max}$,它受发射天线高度、接收天线高度和地球半径影响。

2)非视距传播。无线电波非视距传播的一般形式有绕射波、对流层反射波和电离层反射波。绕射波是建筑物内部或阴影区域信号的主要来源。绕射波的强度受传播环境影响很大,且频率越高,绕射信号越弱。对流层反射波会随着天气情况的变化而变化,它的反射系数随高度增加而减少。这种缓慢变化的反射系数使电波弯曲。同对流层一样,电离层也具有连续波动的特性。

2.无线电波在陆地移动通信环境下的特点

(1)传播环境的复杂性。传播路径会受到地形以及人为环境的影响,使得接收信号大量地散射、反射或叠加。传播环境的复杂性体现在地形、建筑物和人为噪声干扰的多样性。比如,周围有树林的地形,树叶会造成无线电波大量地散射。而对于城市环境,由街道两旁的高大建筑导致的波导效应,使得街道上沿着传播方向的信号增强,垂直于传播方向的信号减弱,两者相差可达10 dB左右。另外,机动车的点火噪声、电力线噪声和工业噪声等人为噪声,都会对接收信号造成干扰。

(2)传播的开放性。无线电波传播空间的开放性会导致空间干扰现象严重。比较常见的有同频干扰、邻频干扰和互调干扰等。随着频率复用系数的提高,同、邻频干扰是主要干扰。

3.无线电波自发射地点到接收地点的传播方式

(1)天波。天波是靠大气层中的电离层反射传播的电波,又称电离层反射波。发射的电波是经距地面70 km以上的电离层反射后到接收地点,其传播距离较远,一般在1 000 km以上。缺点是受电离层气候影响较大,传播信号不稳定。短波频段是天波传播的最佳频段,渔业船舶配备的短波频段电台,就是利用天波传播方式进行远距离通信的设备。

(2)地波。地波是沿着地球表面传播的电波。在传播过程中因电波受到地面的吸收,其传播距离较短。波段频率越高,地面吸收越大,因此短波、超短波沿地面传播时,距离较近,一般不超过100 km,而中波传播距离相对较远。优点是受气候影响较小,信号稳定,通信可靠性比较高。

(3)空间直线波。在空间由发射地点向接收地点直线传播的电波,称为空间直线波,又称直线波或视距波。传播距离为视距范围,渔业船舶配备的对讲机和雷达均是利用空间直线波传播方式进行通信的设备。

3.1.2 遥控器介绍

无线电遥控器(RF Remote Control)是利用无线电信号对远方的各种设备进行控制的遥控设备。这些信号被远方的接收设备接收后,可以指令或驱动其他各种相应的机械或者电子设备,去完成各种操作,如闭合电路、移动手柄或启动电机,之后再由这些机械进行指定的操作,如图3-1-2所示。

常用的无线电遥控系统一般分为发射和接收两部分。

发射部分一般分为两种类型,对于使用方式来说即遥控器与遥控模块,遥控器可以当一个整机来独立使用,对外引出接线桩头;而遥控模块在电路中当一个元件来使用,根据其引脚定义进行应用,使用遥控模块的优势在于可以和应用电路天衣无缝地连接,体积小,价格低,物尽其用。

接收部分一般来说也分为两种类型,即超外差与超再生解调接收方式。超外差式解调电路是设置一本机振荡电路产生振荡信号,与接收到的载频信号混频后,得到一般为465 kHz的中频信号,经中频放大和检波,解调出数据信号。再生解调电路也称超再生检波电路,它实际上是工作在间歇振荡状态下的再生检波电路。超外差式的接收器稳定、灵敏度高、抗干扰能力也相对较好,而超再生式的接收器体积小、价格便宜。

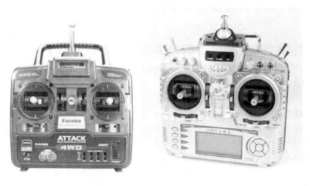

图 3-1-2 FM 遥控器

随着整机的发展,我国形成了专业设备如遥控、飞控、充电器和电子调速器等设备厂商。其中遥控器前期投资大,涉及飞机性能、无线通信和结构外观等专业性技术,而其特别容易受外界环境影响,且稳定性对整个飞行器有决定性影响。经过数年的发展我国已经打破国外品牌一统天下的局面。甚至已经开始逐渐稳步占领海外市场。

2001—2008 年,无人机遥控器多用 35 MHz,40 MHz 或 72 Mz 三个专属频段,每个频段可使用带宽为 1 MHz,且各国规定不同,如日本不可以用 72 MHz。各家遥控和接收互相兼容,配不同频点可拔插晶体(如 72.180 MHz,72.890 MHz)来区分,同一场地、同一波段最多 6 个人可以互不干扰地使用。该时期国外品牌主要是 FUTABA,JR,HITECH。国内品牌先后有深圳振华、易思凯、广州华科尔、西安孵化、深圳乐迪、环球飞、天地飞、东莞富斯、广州驰远和无锡日冠(仅做接收机)。其中日冠的二次混频接收机性能超越国内外所有同行,在国际市场上享有盛誉,是国产品牌首次超越日本 FUTABA,JR 等大品牌。

无线电遥控设备一般由遥控发射机、遥控接收机、执行舵机和电子调速器组成。

1.发射机

就是所说的遥控器,由于它外部有一个天线,遥控指令都是通过机壳外部的控制开关和按钮,经过内部电路的调制、编码,再由天线将通过高频信号放大电路的电磁波发射出去。目前无人机常用的遥控发射机有三种类型:一种是盒式按键手持用的小型遥控发射机;一种是便携杆式遥控发射机;另一种是手持枪式遥控发射机。前一种多为开关式模拟电路的遥控系统,为一般普通的玩具遥控车模、船模或无人机使用,电路的设计和制作比较简单,动作的指令都为"开"和"关"两种,虽然通道的数量可以很多,但遥控的性能和距离较低。而杆式和枪式两种发射机通常为比例式的无线电遥控器,是当今最为流行的遥控操作系统,由于这两种发射机在调制、编码和电路的组成等方式的不同,其性价比有很大的差异。

比例遥控杆式发射机有两个操纵杆,左边的杆用来控制无人机的前进、后退或是速度,右边的杆控制无人机的方向。枪式发射机用一个转轮(方向盘)和一个类似手枪扳机的操纵杆来分别控制方向和速度。除了这些基本功能之外,一些较高级的发射机还运用了先进的电脑技术,增加了许多附加的功能,可显示工作状态和各种功能。这两种遥控发射机的基本原理大体上是相同的,只是遥控发射机的外形和操控方式存在不同。

2.接收机

它会处理来自遥控发射机的无线电信号,将所接收的信号进行放大、整形和解码,并把接收来的控制信号转换成执行电路可以识别的音频信号或是数字脉冲信号,传输给无人机的其他电子部件,如舵机电路、电子调速器电路等执行机构,这样无人机就会通过这些执行机构来完成所发出的动作指令。由于接收机是装在无人机上,一般都尽量做得很小巧,质量仅几十克,但大都具有很高的灵敏度,性能低一些的接收距离也有几百米,而好的能接收千米外发射来的无线电信号。接收机一般都要与发射机配套使用,通常使用专用的电池组或使用 6 V 直流电源(4 节 5 号电池)。

3.伺服机亦称为舵机

舵机是把从接收机传来的信号转换为机械能的一种机电一体的装置,主要作用是把接收机收到的电信号转换成相应的机械动作,借此完成方向和速度的控制。伺服舵机根据不同用途又可分为微型舵机、普通舵机和强力舵机。微型舵机常被用于尺寸和受力都比较小的无人机上;普通舵机能满足一般使用要求;强力舵机通常被用在较大的无人机或受力较大的控制机构上。

4.电子调速器

电子调速器就是通常所说的电调,是专门用在电动遥控无人机上的动力输出控制装置,它是控制无人机电动机的转速和正反转的一种电子控制电路。也可以说电子调速器是接收来自接收机控制信号的一种放大装置,它将所接收到的比例信号放大成电动机可直接使用的电压和电流供电动机工作。它与普通的机械式调速器相比,有体积小、寿命长、效率高和输出功率大的优点。一些高级的电子调速器还运用了数码技术,采用高频操作,有多种程式刹车、温控自动保护以及自动断电等功能。

3.1.3 遥控器品牌介绍

1.FUTABA 遥控器

FUTABA 是指日本双叶电子工业株式会社(Futaba Corp.),由卫藤五郎及细矢礼二于1948 年共同在千叶县创立,因此得名"双叶"。

为了更好地服务于中国市场,双叶电子科技开发中国有限公司成立。公司主要经营范围包括无线遥控传输设备、VFD 荧光显示装置及物流软件等电子工业产品的研发、生产和销售。

(1)T14SG 是目前最常见的一款 FUTABA 遥控器,如图 3-1-3 所示,其主要有以下功能特点。

1)T14SG 采用长度仅约为 62 mm 的短天线。

2)T14SG 采用了 2.4 GHz 双向通信系统"STest"。

3)可通过发射机接收、确认从接收机传回的数据。

4)有两个模式可以选择:最多可使用 14 个通道进行遥测功能的"STest 14CH"模式和反应速度优先的" FASSTest 12CH"模式。另外,配合所使用的接收机,还可切换"FASST"和"S-FHSS"模式。

5)可对应 S.BUS/S.BUS2 系统、FASSTest-2.4 GHz 方式的高反应速度接收机,拥有针对 S.BUS/S.BUS2 系统的输出接口以及针对以往普通系统的输出接口。在使用 S.BUS/S.BUS2 系统舵机陀螺仪、遥测传感器的同时,也可和以往的普通舵机并用。

6)带有失控保护功能/电池失控保护功能。

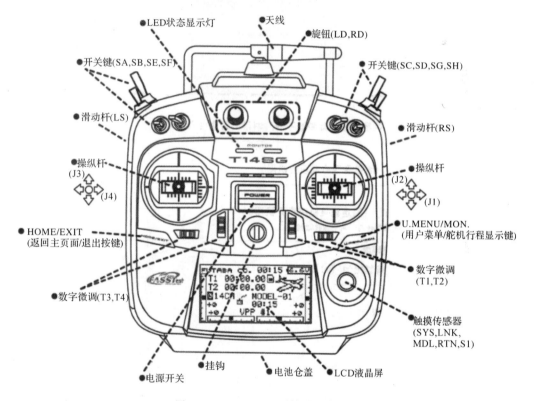

图 3-1-3 T14SG 遥控器示意图

7)用双向通信系统,使用遥测传感器可将飞行中机体的信息反馈至发射机并显示。通过发射机固有 ID 号码,可防止其他 FASSTest-2.4 GHz 系统的干扰。

8)采用分集式天线。

9)T14SG 发射机可对应固定翼飞机、滑翔机以及直升机三种无人机类型。固定翼飞机、滑翔机的无人机类型中可选择各种翼型,直升机无人机类型中可选择各种倾斜盘类型,从而可达到混控和通道配合的最佳状态。

10)无人机数据可通过 SD 卡进行保存(SD 卡规格:32 MB~2 GB,SDHC 规格:4~32 GB,T14SG 本体可储存 30 台无人机数据记忆)。T14SG 发射机公布新版本时,可通过 SD 卡进行软件升级。

（2）T18SZ遥控器是FUTABA首款支持中文的遥控器，如图3-1-4所示，其主要有以下功能特点。

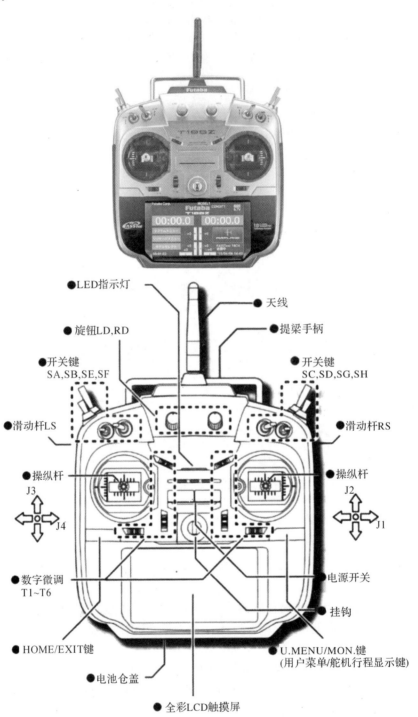

图3-1-4 T18SZ遥控器示意图

1)T18SZ 采用了 2.4 GHz 双向通信系统"FASSTest"。

2)可通过发射机接收、确认从接收机传回的数据。

3)"FASSTest"系统有两个模式可供选择:各通道进行遥测功能的"FASSTest18CH"模式和反应速度优先的"FASSTest 12CH"模式。另外,配合所使用的接收机,还可切换"FASST"和"S-FHSS"系统。适用 S.BUS/S.BUS2 系统、FASSTest-2.4 GHz 方式的高反应速度接收机,R7008SB/R7003SB 此两款接收机拥有针对 S.BUS/S.BUS2 系统的输出接口(和 T18SZ 搭配使用最多可达到 18 个通道)。也适用于以往普通系统的输出接口。在使用 S.BUS/S.BUS2 系统舵机、陀螺仪和遥测传感器的同时,可和以往的普通舵机并用。

4)采用双向通信系统,使用遥测传感器可将飞行中机体的信息反馈至发射机。通过发射机固有 ID 号码,可防止其他 FASSTest-2.4 GHz 系统的干扰。带有失控保护功能、电池失控保护功能。

5)T18SZ 发射机适用于固定翼飞机、滑翔机、直升机以及多旋翼四种无人机类型。固定翼飞机、滑翔机的无人机类型中可选择主翼、尾翼的翼型,直升机无人机类型中可选择各种倾斜盘类型。

6)T18SZ 发射机电池采用 66 V/2,100 mA•h 大容量 Li-Fe 电池。并附带专用充电器 LBC-34DP。可使用 SD 卡。

2. 天地飞遥控器

WFLY 天地飞科技开发有限公司是中国最早从事无人机产品的研发类企业之一。公司自 2006 年开始进入无人机市场,先后研发并推出世界第一台全中文显示高端遥控设备、全球第一款 4096 分辨率 2.4 GHz 遥控系统和全国最早的 9 通道遥控设备,并形成了从入门到高端,从整机到配件的一系列产品。经过多年的努力,WFLY 天地飞遥控设备已经成为国产最优秀的遥控设备品牌之一,并在竞争激烈的国际市场上占有一席之地。

自公司成立之日起,WFLY 天地飞科技一直以"普及无人机运动,提高无人机科技水平"为己任,投入了全国一流水平的研发团队,经过多年的技术积累,逐步掌握了核心技术,推出了拥有自主知识产权的 Flaspeed,DSSS+跳频技术,大大增强了产品的反应速度、操控性和抗干扰性等关键特性,受到国内外使用者的广泛好评。

(1)09SII 遥控器,是国内首款 9 通道遥控器,如图 3-1-5 所示,其主要有以下功能特点。

1)具备功能齐备的 9 通道遥控器。

2)配备数据拷贝功能。

3)微调全面采用了高级数字微调,微调可变调提示音。

4)采用了可调整摇杆长度与弹性的摇杆,可让每个人都找到适合自己的操纵感。

5)可记录 WFT0911.15 组、WFT09SII.85 组机型的全部资料。

6)可切换飞行模式。直升机、固定翼无人机、滑翔机皆可共用。

7)采用了高速度、高分辨率、优化的 2.4 GHz PCMS 4096 制式。

8)有教练功能的基本配备;配备有各式的计时器功能。

9)配备有 10 点曲线编辑功能。

(2)ET12 遥控器,是天地飞首款 12 通道遥控器,如图 3-1-6 所示,其主要有以下功能特点。

1)应用:直升机、固定翼、多旋翼、机器人、车、船。

2)分辨率:全通道4096。分辨率频段:2.4 GHz(双向)。

3)跳频:全新FHSS跳频(64点、3.6 ms)。储存:30组机型。

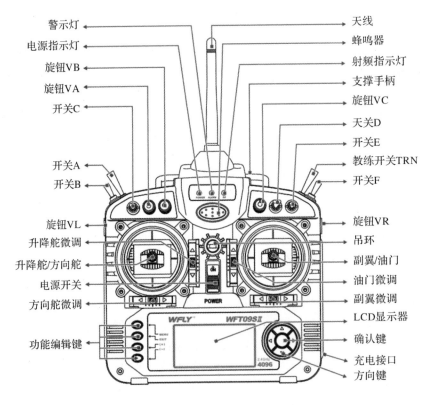

图3-1-5 09SII遥控器示意图

4)编程:10组编程混控。语言:中文、英文。升级:USB在线升级。

5)显示:3.5英寸触摸,480×320,彩屏。语音:支持语音播报接力飞行。

6)支持80°/270°舵机。

7）支持无线拷贝：无人机数据。

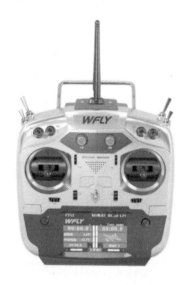

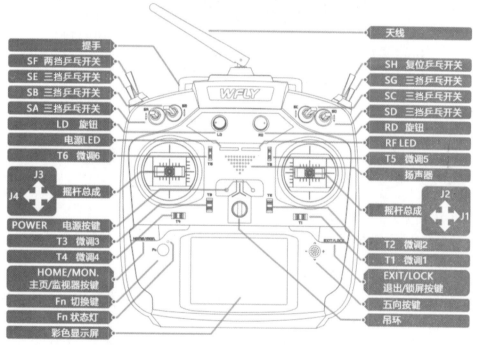

图 3-1-6　ET12 遥控器示意图

3. 乐迪遥控器

深圳市乐迪电子有限公司成立于 2003 年 9 月 15 日，成立之初是作为一家向电子生产厂商提供电子产品完整软、硬件解决方案的设计公司。公司致力于无线产品系统开发设计，专注自己的领域并不停耕耘和积累，吸引具有创造力的人才并打造具有竞争力的研发平台，以此研发平台源源不断地为客户提供具有市场竞争力的嵌入式软件或电子板产品方案。

（1）AT9S 遥控器，是目前最常见的遥控器之一，如图 3-1-7 所示，其主要有以下功能特点。

1）怠速降低开关（用于固定翼机）、油门关闭（发动机关闭）（用于固定翼机/直升机）和电机灭车（用于滑翔机）在滑翔和着陆时可准确控制油门/电动机。

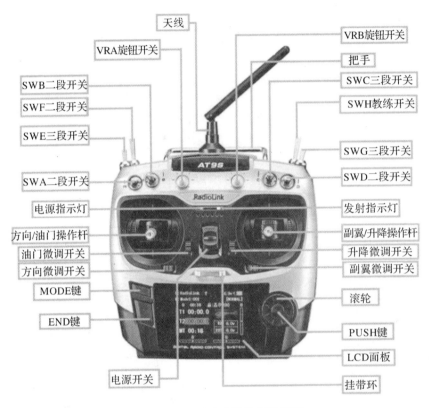

图 3-1-7　AT9S 遥控器示意图

2）拥有 15 架无人机的存储容量。

3）新的操纵杆设计改善了控制杆的触感，可调整长度和紧度。可以将 3 挡开关的双重比率设置为三重比率。

4）8 个开关、3 个滚轮和 2 个滑杆在大多数应用中可以指定不同的功能。

5）教练系统包括功能（FUNC）设定，允许学生机使用 AT9S 混控功能、直升机和其他项目功能，即使 4 通道的遥控器连接也能使用（需要使用备用的教练线）。

6）AT9S 发射机的特征之一是固定翼机的开关布局一目了然，教练开关在右边（弹簧开关 H），并有一个带棘轮的油门操纵杆，将操纵方向舵时误触油门的概率减到最小。默认为固定翼模式。

7）AT9S 发射机对于直升机的开关布局也很清晰，油门加速和油门锁定开关分别在左右两边，一个光滑无弹簧的油门可实现完美的悬停。默认设置为直升机（H-1 倾斜盘类型）模式。

（2）AT10I 遥控器，是目前常见的遥控器之一，如图 3-1-8 所示，其主要有以下功能特点。

1）怠速降低开关（用于固定翼机）、油门关闭（发动机关闭）（用于固定翼机/直升机）和电机灭车(用于滑翔机)在滑翔和着陆时可准确控制油门。

2)拥有 15 架无人机的存储容量。

3)新的操纵杆设计改善了控制杆的触感,可调整长度和紧度。可以将 3 挡开关的双重比率设置为三重比率。

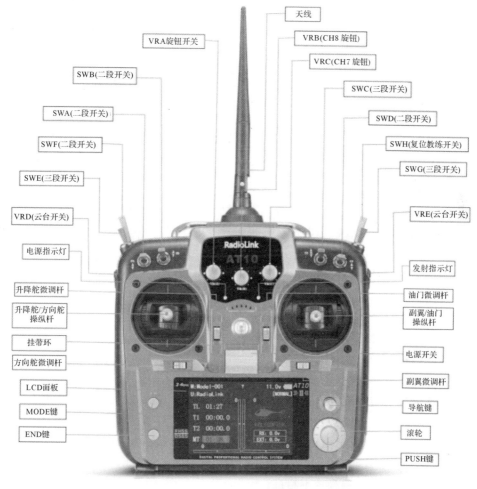

图 3-1-8 AT10I 遥控器示意图

4)8 个开关、3 个滚轮和 2 个滑杆在大多数应用中可以指定不同的功能。

5)教练系统包括功能(FUNC)设定,允许学生机使用 AT10I 混控功能、直升机和其他项目功能,即使 4 通道的遥控器连接也能使用(需要使用备用的教练线)。

6)AT10I 发射机的特征之一是固定翼机的开关布局一目了然,教练开关在右边(弹簧开关 H),并有一个带棘轮的油门操纵杆,将操纵方向舵时误触油门的概率减到最小。默认为固定翼模式。

7)AT10I 发射机对于直升机的开关布局也很清晰,油门加速和油门锁定开关分别在左右两边,一个光滑无弹簧的油门可实现完美的悬停。默认设置为直升机(H-1 倾斜盘类型)模式。

3.1.4　遥控器使用注意事项

1.影响遥控器距离的因素

(1)发射功率。发射功率大,则距离远,但耗电大,容易产生干扰。

(2)接收灵敏度。接收器的接收灵敏度提高,遥控距离增大,但容易受干扰造成误动或失控。

(3)天线。AM 或 FM 遥控器采用直线型天线,在使用中需要把天线拉长、拉直才能增加遥控距离;随着无人机爱好者的增加,同一场地经常使用相同频率,造成飞机靠近谁的遥控器就会被就近的遥控器抢夺控制,更大带宽的数字调制成为无人机发展的趋势。

(4)高度。天线越高,遥控距离越远,所以使得遥控器变得笨重。

(5)阻挡。目前使用的无线遥控器使用国家规定的 UHF 频段,其传播特性和光近似,直线传播,绕射较小,发射器和接收器之间如有墙壁阻挡将大大缩短遥控距离,如果是钢筋混凝土的墙壁,由于导体对电波的吸收作用,影响更加严重。

2.场地的要求

(1)同空域、同频率逐次连接。同时飞行的飞机绝对不允许有同频现象,飞行前一定要确认检查(先开启遥控器,再给接收机通电进行连接)。

(2)禁用地点。

1)快速移动的场所:造成信号发射不稳定,导致接收中断等。

2)有信号障碍的场所:高压线、市区。为避免高楼大厦有信号干扰,一般教学飞行的机构都安排在偏远地区。

3)人群密集地:人多的地方会造成安全隐患,也会干扰执行任务、训练教学等,操控时即使无人为失误也难保有机械问题、遥控器失灵或坠机等突发情况。

3.天气的要求

(1)严冬:天气寒冷会造成操控人员操控不精准,同时电机、电池在过低温度下也不能正常工作。

(2)酷暑:天气炎热会对电机、电池、飞行器暴晒,而且造成操控人员中暑。

(3)雨天:会导致主机、接收机等进水造成遥控器失灵、迟钝或跳舵。

(4)雾天:视线干扰从而影响操控不精准。

(5)雷电天:雷电会对信号干扰。

(6)大风天:不同等级风力,会造成不同的干扰。

4.开机检查

(1)先开主机,再开接收机,顺序错乱后应立即关闭重开。

(2)发射机发热、触电等现象禁止使用,如手机长时间使用也发热,遥控器也一样,另外受天气影响也对电池、电路板有影响。

(3)①调试天线应呈 45°角;②试舵,先看频率是否与其他频率相撞或干扰。

5.日常维护

(1)将遥控器、接收机擦拭干净存放于干燥无腐蚀性气体的地方,另外接收机与伺服机的干净程度、连杆的牢固程度以及天线的松紧度也要检查。

(2)舵机中心位置保持一定的角度。

（3）检查接收天线是否平整及各伺服机插孔有无污渍。

3.2　地　面　站

3.2.1　地面站介绍

地面站是在地面的基站,地面站可以分为单点地面站或多点地面站。像民航机场就是地面站,全国甚至全球所有的地面站都在实时联网,它们能够清楚地知道天上飞行的飞机,并能实时监测到飞机当前的飞行状况和路线,以及飞机的实时调度等。像我们用的无人机大部分都是单点地面站,单点地面站一般由一到多个人值守,由技术员、场务人员、后勤员、通信员和指挥员等人组成。

地面站软件系统集飞行监控、地图导航、航线规划与航迹操作的功能于一体,用于无人飞行器的地面控制与管理。地面站与无人机之间通过无线电数据链来通信,地面站软件实时接收由无线电数据链传来的各种状态数据,实时解析处理之后显示在界面上;同时可以根据操作员的指令向无人机发送各种预定指令信息来对无人机进行遥控。

利用无人机地面站软件,操作员可以很方便地执行任务,操作飞行任务开始前可以预先规划好目标航线;任务开始之后,操作员通过地面站的一系列操作来实时控制无人机的任务执行,同时通过图形界面监控无人机的当前飞行状态;根据无人机通信链路发回的信息,在地图上精确标定飞行器当前位置和航向;任务完成后,操作员还可以通过地面站软件提供的航迹回放功能检验该次任务执行的效果。

无人机地面站主要有下述功能。

（1）支持对多架次无人机同时进行地面控制与管理;

（2）具备飞行监控、地图导航、航线规划及航迹操作等基本功能;

（3）具有较好的实时性和可靠性,实现良好的用户界面以方便用户的操作。

地面站设备一般都由遥控器、电脑、视频显示器、电源系统和电台等设备组成,简单地说就是一台电脑（手机、平板）,一个电台和一个遥控。电脑上装有控制飞机的软件,通过航线规划工具规划飞机飞行的线路,并设定飞行高度、飞行速度、飞行地点和飞行任务等。通过数据传输电台将任务数据编译传送至飞控。

数传电台就是飞机与地面站通信的一个主要工具,一般的数传电台采用的接口协议有TTL 接口、RS485 接口和 RS232 接口,不过也有一些 CAN - BUS 总线接口,频率有 2.4 GHz,433 MHz,900 MHz 和 915 MHz。一般 433 MHz 的较多,因为 433 MHz 是个开放的频段,再加上 433 MHz 频率拥有波长较长、穿透力强等优势,所以大部分民用用户一般都是用的433 MHz,距离在 5～15 km 不等,甚至更远。最终达到的就是飞机与电脑间的通信。电脑给无人机的任务,无人机实时飞行高度、速度等很多数据都会通过它来传输,以方便实时监控飞机情况,根据需要随时修改飞机航向。整套无人机飞控工作原理就是地面站开机,规划航线,给飞控开机,上传航线至飞控,再设置自动起飞及降落参数,如起飞时离地速度、抬头角度、爬升高度、结束高度、盘旋半径或直径以及清空空速计等,然后检查飞控中的错误、报警,一切正常,开始起飞,盘旋几周后再开始飞向任务点,执行任务,最后降落,一般根据场地选择伞降或于动滑降。飞机在飞行过程中如果偏离航线，飞控就会一直纠正这个错误，一直修正，直到复位为止。

3.2.2 地面站的基本组成

1. 地面站的基本组成

（1）数字链路。数字链路通常由机载端和地面端组成。机载端连接飞控，地面端连接地面计算机。中继、组网等模式的数字链路也可以有多个地面端或多个机载端或卫星端。数字链路用于实现飞行参数和机载设备数据的下传，控制指令的上传或空地数据转发。

（2）无线图传。无线图传通常由机载端和地面端组成。机载端发射视频信号，地面站进行接收、解码。某些军用链路可以实现数字链路和图传的整体传递。

（3）通信距离有较高要求的场合，通常需要配置自动跟踪天线。自动跟踪天线实时计算飞机和地面站的相对位置，并将天线的仰角和指向调整到朝向飞机，以改善无线电天线信号的接收。

（4）地面站车辆或方舱。

（5）发电机、UPS等其他辅助设备。

（6）地面站主控计算机和地面站软件。也有人将这部分称为地面站，而将其他部分称为地面站外设。地面站的核心是地面站软件。地面站软件负责对来自数字链路的数据进行解码和显示，负责采集用户的输入信息并编码之后上传到飞控和机载设备。

2. 地面站系统组成

（1）无人机地面指挥控制系统主要用于对无人机飞行进行控制和管理，监视无人机平台的飞行状况，并对无人机进行遥控操作。其控制内容包括飞行器的飞行过程、飞行航迹、有效载荷的任务功能、通信链路的正常工作，利用无人机飞行器平台的传感器获取发现目标和通过辅助决策反馈攻击目标，完成单一作战任务，以及飞行器的发射和回收。无人机地面指挥控制系统除了完成基本的飞行与任务控制功能外，同时也要求能够灵活地克服各种未知的自然因素和人为因素造成的不利影响，适应各种复杂的环境，保证全系统整体功能的成功实现。无人机地面指挥控制系统的发展趋势是参与以网络为中心的更便捷和更精细的作战，获取更多的信息内容，并能控制更多的无人机武器平台；还能横向与其他武器系统单元进行协同控制作战，纵向与更高层级指挥控制中心信息共享，更好地完成复杂战场环境的多样式精确指挥控制作战下的精细化任务。

（2）数据链系统是无人机系统的神经链路，是连接飞行器和地面控制人员或信息中心的纽带。数据链分为上行数据链（从地面站到无人机）和下行数据链（从无人机到地面站），上行数据链的主要功能是发送飞行路径数据、任务指令等，然后储存到飞机自动飞行控制系统、任务载荷中。下行数据链的主要功能是发送飞机的基本参数信息（位置信息、油量等），以及任务载荷所采集的数据到控制站。数据链的传输采用无线信号，容易受大气条件、设备故障和敌方干扰等因素的影响，从而导致无人机失去控制。因此卫星数据链、信号中继平台（基站、车和无人机等）常被用于保障数据链的畅通。

（3）无人机情报分发系统的主要功能是及时响应情报定制单元的情报要求，并准确及时地将无人机情报指令分发至各个作战单元，实现对作战单元的作战支持。无人机情报质量关键在于无人机监视/侦察平台、中继无人机的情报传输、情报处理站的情报产品以及主控端的情报分发过程。无人机情报具有数据量大、实时性高等特点,在战场环境通信资源紧张的条件下,选择出能充分保证作战单元需求的信息显得尤为重要。

(4)发射和回收系统分为发射设备和回收设备。对于不能垂直起飞,也没有合适跑道可供使用的无人机来说,发射设备是必需的,发射方式分为手抛发射、弹射车发射和火箭助推发射等。不具备垂直飞行能力以及没有装备轮式或滑撬进行滑降着陆的无人机通常需要回收设备。回收方式包括回收伞回收、气囊着陆回收、撞网回收和绳钩回收等。回收伞回收是最常见的,回收伞安置在无人机上,在指定高度打开,使无人机减速并安全着落;气囊回收是指在无人机的机腹下装有气囊,当无人机降落时,压缩空气从储气罐进入气囊,部分从气囊开口中喷出,使得机腹下形成暂时的高压区(原理类似于气垫船),从而避免无人机直接撞击地面;撞网回收适合在船舰等受地域条件限制的场合下回收小型固定翼无人机,通过引导无人机准确地飞向阻拦网,从而用阻拦网对无人机进行减速并回收;绳钩回收是在撞网回收的基础上发展起来的,其结构更加简单,一般用于回收体积较小的固定翼无人机,在装置指引下,机翼前缘撞绳后,回收绳沿机翼前缘滑行到前缘翼尖处,翼尖小钩钩住并锁定回收绳,从而实现回收。

3. 地面站模式组成

地面作战单元和无人机的情报交互主要分为订阅模式、定制模式、查询模式和交互模式。

(1)订阅模式:情报中心根据地面作战单元终端发起的实时情报订阅请求,将收到的侦察数据处理生成情报产品,然后将情报产品发送给地面作战单元终端。

(2)定制模式:优先级别最高或需求最迫切的地面作战单元终端可改变无人机飞行航线或无人机机载侦察载荷的工作模式,情报中心获取侦察数据后,发送给提出需求的地面作战单元终端。

(3)查询模式:地面作战单元终端查询情报中心的历史情报数据库,向情报中心发起历史情报订阅请求,情报中心按该请求将相应的情报产品发送给地面作战单元终端。

(4)交互模式:此时无人机相当于空中中继载机,只起到空中中继作用。在机载无线分发系统作用范围内的两个作战单元之间,可进行侦察情报的信息交互。

3.2.3　地面站的功能介绍

地面站系统应具有以下几项典型功能。

(1)飞行器的姿态控制。在各机载传感器获得相应的飞行器飞行状态信息后,通过数据链路将这些数据以预定义的格式传输到地面站。在地面站由 GCS 计算机处理这些信息,根据控制律解算出控制要求,形成控制指令和控制参数,再通过数据链路将控制指令和控制参数传输到无人机上的飞控计算机,通过后者实现对飞行器的操控。

(2)有效载荷数据的显示和有效载荷的控制。有效载荷是无人机任务的执行单元。地面控制站根据任务要求实现对有效载荷的控制,并通过对有效载荷状态的显示来实现对任务执行情况的监管。

(3)任务规划、飞行器位置监控及航线的地图显示。任务规划主要包括处理战术信息、研究任务区域地图、标定飞行路线及向操作员提供规划数据等。飞行器位置监控及航线的地图显示部分主要便于操作人员实时地监控飞行器和航迹的状态。

（4）导航和目标定位。无人机在执行任务过程中通过无线数据链路与地面控制站之间保持着联系。在遇到特殊情况时，需要地面控制站对其实现导航控制，使飞机按照安全的路线飞行。随着空间技术的发展，传统的惯性导航结合先进的 GPS 导航技术成为了无人机系统导航的主流技术。目标定位是指飞行器发送给地面的方位角、高度及距离数据需要附加时间标注，以便这些量可与正确的飞行器实时位置相结合来实现目标位置的精确计算。为了精确确定目标的位置，必须通过导航技术掌握飞行器的位置，同时还要确定飞行器至目标的短矢量的角度和距离，因此目标定位技术和飞行器导航技术之间有着非常紧密的联系。

（5）与其他子系统的通信链路。该通信链路用于指挥、控制和分发无人机收集的信息。随着计算机和网络技术的发展，现行的通信链路主要借助局域网来进行数据的共享，这样与其他组织的通信不单纯的是在任务结束以后，更重要的是在任务执行期间，通过相关专业的人员对共享数据进行多层次的分析，及时地提出反馈意见，再由现场指挥人员根据这些意见，对预先规划的任务立即做出修改，从而能充分利用很多资源，从战场全局对完成任务提供有力的支持和合理的建议，使得地面站当前的工作更加有效。

3.2.4 仪表盘

无人机地面站仪表盘，是基于虚拟技术开发的虚拟飞行仪表，将其应用在无人机地面控制程序之中，可以保证能够正确地监视无人机的飞行姿态和数据信息。随着计算机硬件及软件技术的高速发展，在小型计算机上编制测控软件已经成为可能，通过利用在计算机上编制飞行仪表的模拟程序，不仅减少了制造成本，同时为调试无人机缩短了周期。传统的飞行仪表数量多、结构复杂，通常由航向、地平仪、速度表、高度表和燃料表等仪表组成，通过使用虚拟技术可以将这些仪表集成在一起形成综合显示器，如图 3-2-1 所示。

图 3-2-1　仪表盘

1. 仪表飞行操作步骤

（1）仪表飞行要点：由于飞行没有地图信息支持，只能看仪表，因此飞行模式不能用纯手动模式,建议用 Loiter 等增稳模式。

(2)关键参数判断:只能看地面站仪表飞行,因此仪表数据是飞行操作的关键与依据。

(3)航向判断:记住遮盖地图前的飞机与起降点的位置方位度,看仪表中的磁陀螺角度,操作遥控器,让飞机的航向转向起降点的角度,这个角度直接关系到飞机是否朝起降点飞。

(4)飞行模式:由于是仪表飞行,看不到飞机姿态,因此飞行模式不能用手动模式,用增稳模式能更好地保证飞机俯仰滚转的控制,操作者只需操作遥控器,调整飞行器航向对准起降点。

(5)飞行高度:飞行高度关系到飞行器是否安全在空中飞行,在仪表飞行中需要关注飞行高度,不能太低也不能太高,太高耗电,降落等都麻烦,太低容易与地表物相撞。保证适当的飞行高度也是保证飞行安全。

(6)飞行速度:固定翼能否保持平飞,飞行速度是关键要素,因此飞行时油门控制要保持在飞机能平飞的空速范围内。

3.2.5　地面站电子地图

1.电子地图的组成

电子地图主要由道路形状数据、背景数据、拓扑数据和属性数据构成,它们之间紧密衔接,共同为无人机导航应用提供服务。

(1)道路形状数据。主要记录与道路相关的精确地理位置、路面形状、道路隔离带和相应的附属设施等。它必须准确如实地反映真实世界的具体情况,为其他类型的数据提供空间基础,是电子地图与客观世界和各种导航应用功能相联系的纽带。

(2)背景数据。既包括了植被、水系、行政区划和公共场所等现实意义上的背景信息,也包括各类与智能导航相关的实时交通信息。背景信息的提供优化了地图的显示,满足了实时网络路径分析的需要。

(3)拓扑数据。定义了电子地图中各种地物间的相互关系,包括拓扑连接、拓扑相邻和拓扑包含等。拓扑数据的定义使电子地图中的各类数据在内涵上有了关联,使地图数据在语义和概念上更加完整,也更符合客观现实,为电子地图数据自身完备性检查、网络路径分析和实现交通信息处理提供了便利。

(4)属性数据。记录各类地物除位置信息以外的数据。根据针对的地物不同,属性数据的组织结构也不尽相同。随着飞行导航应用需求的不断扩展,对属性数据完备性的要求也在不断提高,属性数据中包括的信息量及其准确度是评价当今业界领先的导航电子地图质量的重要依据之一。

2.电子地图功能

由于需要在地图上实时标示飞行器的飞行位置、航向、规划好的航线和实际历史轨迹等,地面站软件需要实现地图导航的基本功能。地图浏览使用的是其中的地图控件,同时加入了工具条控件来辅助实现地图的载入、放大、缩小、浏览和拖动等各项操作。为了在地图上标示飞行器的飞行状态,调用了多种对象和接口绘制地图的客户图层,来标示飞行器的位置姿态、飞行轨迹和航线规划等信息。

3.2.6 航线规划与航迹操作

数据库系统为地面站软件提供高效率数据存储支持。无人机的航线规划和航迹操作功能都需要数据库系统的支持,相比于传统的日志文件记录方法,数据库系统的应用大大提高了数据存储的效率。为了存储规划好的航线和航点信息,数据库中建立了航线表和航点表;而为了保存某次任务的规定航线和实际飞行航迹,建立了任务航线表与航迹表;为了存储历次飞行任务的记录信息,设计了任务表来方便对不同任务的历史记录进行区分管理。航迹回放部分就是开启一个定时器,循环读取保存好的任务历史记录,在软件上模拟一次飞行,重现该次飞行的航迹和状态的变化情况,辅助操作员判断该次任务的执行效果。

一体式地面站系统集成了自主研发的 Android,PC 版地面站控制软件,以及集成了高精度 2 048 分辨率遥控器、图像传输设备和数传设备,您只需要指尖轻点就可以实时接收并查看完整的飞行数据及飞行器所拍摄的视频影像,还可以根据客户需要定制专用的集成式地面站系统。

数字传输解码器可以实时接收并显示飞行器的各种飞行数据,包括电池电压、坐标。电脑用于飞行后的数据分析,即使在人工遥控飞行模式下,只要系统预先下载当前飞行区域地图,系统就能实时显示飞行器在地图上的位置。

3.2.7 地面站调试

调试地面站飞控板是无人机飞行前必不可少的过程,可以让无人机实现最好的作业效果,如图 3-2-2 所示。

图 3-2-2 地面站界面

(1)连接刷写固件(初始设置→安装固件)。使用 USB 线将飞控板与电脑连接,在刷写固件之前不要将飞控板与地面站连接,选择对应机型固件进行刷写,刷写完之后即可连接,如图 3-2-3 所示。

(2)传感器、硬件校准(基础调参)(初始设置→必要硬件/可选硬件)。必要硬件里的传感器、遥控器和飞行模式等必须要进行调试;可选固件是对所拓展功能的调试。

1）机架的选择，以多旋翼为例，选择所对应的机架类型，如图 3-2-4 所示。

2）校准加速度计，如图 3-2-5 所示。

3）罗盘校准，如图 3-2-6 所示。

（3）遥控器校准，如图 3-2-7 所示。

（4）飞行模式设置，如图 3-2-8 所示。

（5）PID 调参（配置调试→扩展调参→自稳 Roll/自稳 Pitch/自稳 Yaw/悬停 PID）。PID 调参是对无人机横滚、俯仰、偏航的比例、积分和微分参数调试，根据使用的无人机机型、大小和自定义飞行效果而进行各参数调整，如图 3-2-9 所示。

（6）其他各类参数调参（配置调试→全部参数表）。对于开源飞控，所能修改或调制的参数有很多。在全部参数表中可通过改变参数数值来改变无人机的飞行姿态、功能开关和飞行中执行的内容等，如图 3-2-10 所示。

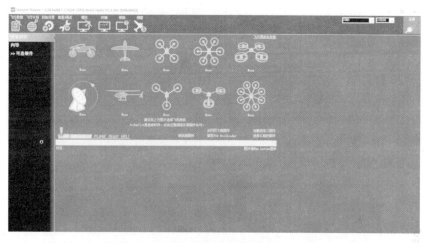

图 3-2-3　固件安装

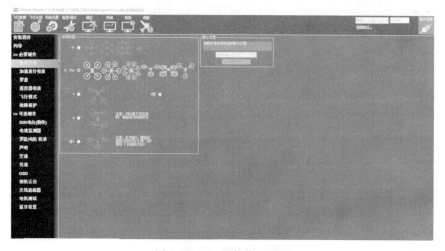

图 3-2-4　机架类型选择

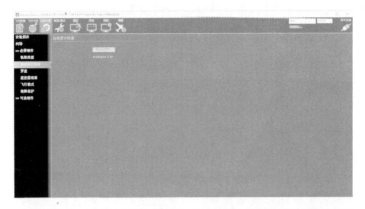

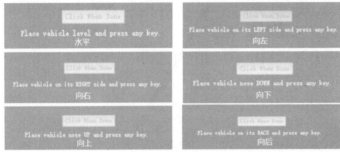

图 3-2-5　加速度计校准

图 3-2-6　罗盘校准

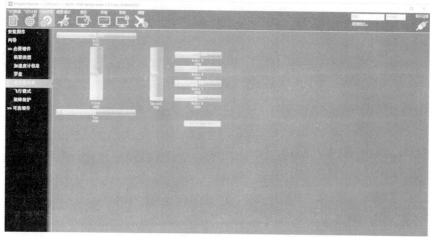

图 3-2-7　遥控器校准

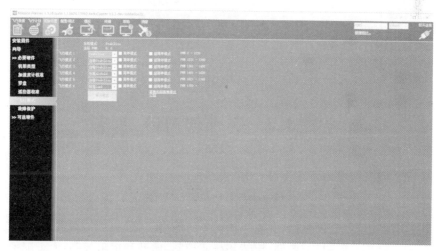

图 3-2-8　飞行模式设置

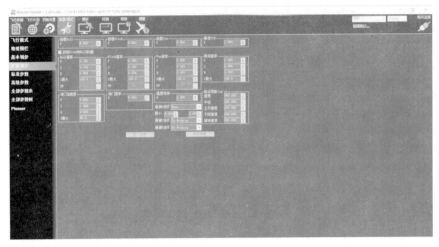

图 3-2-9 PID 调试

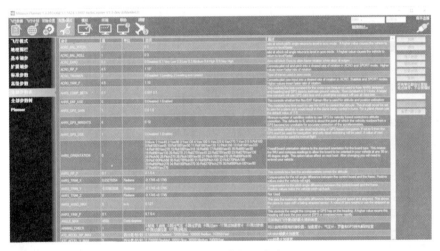

图 3-2-10 高级调参表

3.3 飞行控制器

3.3.1 无人机飞行控制系统介绍

无人机飞行控制系统一般包含传感器、机载计算机和伺服作动设备三大部分。该系统可用来保证飞行器的稳定性和操纵性,提高完成任务的能力与飞行品质,增强飞行的安全及减轻驾驶员负担。该系统包括飞机的俯仰、滚转和偏航控制,增升和增阻控制,人工配平,直接力控制以及其他改变飞机的构形控制(如改变机翼后掠角、水平安定面安装角等),它是飞机的一个组成部分,故也属于飞行控制系统。无人机自动飞行控制系统是对飞机实施自动或半自动控制,协助操控手工作或自动控制飞机的系统。如自动驾驶仪、发动机油门的自动控制和结构模态抑制等。

无人机飞行控制系统是无人机的关键系统。无人机飞行控制系统是无人机完成起飞(发射)、空中飞行、执行任务和返场着陆(回收)等整个飞行过程的核心系统,对无人机实现全权限控制与管理,因此对无人机的功能和性能起决定性作用。如果没有无人机飞行控制系统,现代无人机就不可能上天飞行,完成各种任务。在半自主控制方式下,无人机飞行控制系统一方面根据传感器获取的飞机状态信息和任务规划信息,自主控制无人机的飞行;另一方面,接收地面控制站的遥控指令,改变飞行状态。

无人机飞行控制系统常用的传感器包括角速率传感器、姿态传感器、航向传感器、高度空速传感器、飞机位置传感器、迎角传感器和过载传感器等。传感器的选择应根据实际系统的控制需要,在控制律初步设计与仿真的基础上进行。

(1)角速率传感器。角速率传感器是飞控系统的基本传感器之一,用于感受无人机绕机体轴的转动角速率,以构成角速率反馈,改善系统的阻尼特性,提高稳定性。角速率传感器的选择要考虑其测量范围、精度、输出特性和带宽等。角速率传感器应安装在无人机重心附近、一阶弯振的波节处,安装轴线与机体轴向平行,并特别注意极性的正确性。

(2)姿态、航向传感器。姿态传感器用于感受无人机的俯仰和滚转角度,航向传感器用于感受无人机的航向角。姿态、航向传感器是无人机飞行控制系统的重要组成部分,用于实现姿态航向稳定与控制功能。姿态、航向传感器的选择要考虑其测量范围、精度、输出特性和动态特性等。姿态、航向传感器应安装在飞机重心附近,振动尽可能要小,有较高的安装精度要求。对于磁航向传感器要安装在受铁磁性物质影响最小且相对固定的地方,安装件应采用非磁性材料制造。

(3)高度、空速传感器。高度、空速传感器用于感受无人机的飞行高度和空速,是高度保持和空速保持的必备传感器。一般和空速管、通气管路构成大气数据系统。高度、空速传感器的选择主要考虑测量范围和测量精度。其安装一般要求在空速管附近,尽量缩短管路。

(4)飞机位置传感器。飞机位置传感器用于感受飞机的位置,是飞行轨迹控制的必要前提。惯性导航设备、GPS卫星导航接收机是典型的位置传感器。飞机位置传感器的选择一般考虑导航精度、成本和可用性等问题。惯性导航设备有安装位置和较高的安装精度要求,GPS接收机的安装主要应避免天线的遮挡。

3.3.2　飞行控制器的功能和结构

飞行控制器是无人机飞行控制系统的核心部件,主要作用是处理飞行参数,控制飞行过程中的稳定和运动方向。当无人机在空中飞行时,飞行控制器需要识别遥控器或自动控制的信号,计算当前的姿态,并且将当前的姿态与遥控器要求达到的姿态进行对比,从而计算出电机需要做出的反应,给电调发送信号调节电机转速,实现控制改变飞行姿态的功能,如图3-3-1所示。

1.飞行控制器功能介绍

(1)导航:为了完成飞行任务而对飞行器的飞行所采用的各种控制和引导技术。发挥自动驾驶仪上各种传感器的优势,综合分析判断得到准确的位置和姿态信息,是自动驾驶仪要做的首要事情。

(2)控制:控制就是解决飞行的问题。自动驾驶仪首先得到准确的位置和姿态信息,之后根据任务,通过算法计算出控制量,输出给电调,进而控制电机转速。自动驾驶仪根据一些机载的测量元件提供的信息,在没有任何控制的情况下,通过控制电调的输出信号保持旋翼无人机的稳定。

(3)测量:自动驾驶仪需要测定电池的剩余电量,以便确保无人机能安全稳定地执行飞行任务。

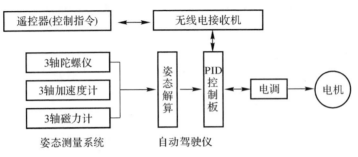

图 3-3-1 飞行控制器示意图

2.飞行控制器结构介绍

(1)全球定位系统(GPS):GPS 定位系统是指利用卫星,在全球范围内实时进行定位、导航的系统,可以得到无人机的位置信息。

(2)惯性测量单元(IMU):包括三轴加速度计、三轴陀螺仪和电子罗盘(或磁力计),目的是得到无人机的姿态信息。市面上常说的六轴 IMU 包含了三轴加速度计和三轴陀螺仪,九轴 IMU 包含了三轴加速度计、三轴陀螺仪和三轴磁力计,而十轴 IMU 则是在九轴 IMU 基础上多了气压计这一轴。

(3)气压计和超声测量模块:目的是得到绝对(气压计)或相对高度信息(超声波测量模块)。

(4)接口:与各种传感器和电调通信设备等的硬件接口。

3.3.3 常见的飞行控制器

飞行控制器可以说是整个无人机飞行控制系统的核心,是它的大脑。为了完成任务,飞行控制器必须有比较强大的处理器,还须有与之配套的传感器,如陀螺仪、加速度计等的配合。市面上有许多性能优异的飞控板可供选择,有开源飞控板,也有闭源飞控板(也称为商品飞控板),如 KK 飞控板、FF 飞控板、MWC 飞控板、APM 飞控板、玉兔二代飞控板、NAZA(哪吒)飞控板、Pixhawk 飞控板和零度飞控板等。

1.KK 飞控板

KK 飞控板采用 MEMS(二轴+一轴)三轴陀螺,拥有比较高的灵敏度和响应精度。它是最经典的多轴飞控,价格十分便宜,很多人就是用它学会四轴飞行器装调与飞行的。它支持三轴、四轴、六轴和 V22 的飞行模式,如图 3-3-2 所示。

2.MWC 飞控板

MWC 是 MultiWii Copter 的缩写,是最为经典的开源的多轴飞行器固件。其硬件是基于 Arduino 平台,这为很多熟悉开源硬件平台 Arduino 的玩家入门提供了方便。根据使用 Arduino 开发板的不同,MWC 飞控板有两种版本,如图 3-3-3 所示。

(1)Atmega328P 版本,32 K 的 Flash,Atmel 公司 8 位 AVR 单片机内核。

（2）Atmega2560 版本,256 K 的 Flash,Atmel 公司 8 位 AVR 单片机内核。

图 3-3-2　KK 飞控板

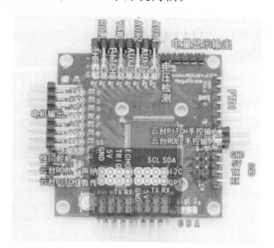

图 3-3-3　MWC 飞控板

3. APM 飞控板

APM 飞控板是开源飞控板,采用的是两级 PID 控制方式,第一级是导航级,第二级是控制级,能够支持固定翼,直升机,三轴、四轴和六轴旋翼飞行器。APM 飞控板的功能十分强大,是一款广受无人机爱好者推荐的飞控板,首先因为其开源,用户可以根据自己的喜好选择刷写不同的程序,其次是其传感器种类很丰富并且精度高,如图 3-3-4 所示。

4. Pixhawk 飞控板

Pixhawk 飞控板是一款由 PX4 开源项目设计并由 3DR 公司制造生产的高级自动驾驶仪系统。其前身是 APM 飞控板,由于 APM 飞控板的处理器已经接近满负荷,没有办法满足更复杂的运算处理,所以硬件厂商采用了目前新标准的 32 位 ARM 处理器,它采用了 ST Microelectronic 先进的处理器及传感器技术,且搭载了 NuttX 的实时操作系统,在无人机自动控制方面有着出色的性能、灵活性和可靠性,如图 3-3-5 所示。

图 3-3-4　APM 飞控板

Pixhawk 飞控板的优势在于它继承了多线程,有一个类似于 UNIX/Linux 类型的编程环境,有全新自动驾驶仪的功能如 Lua 脚本任务以及飞行模式,并且有一个自定义 PX4 底层驱动来确保全周期的定时处理。这些高级功能保证了自动飞行姿态的自由性。Pixhawk 飞控板将同现有的 APM 和 PX4 无缝连接,所以在一定程度上不会给用户造成太多的复杂更换性。

Pixhawk 飞控板的所有硬件都是透明的,它用的是什么芯片和传感器一目了然,所有的总线和外设都进行引出,不但以后可以兼容一些其他外设,而且为有开发能力的用户提供了方便。Pixhawk 飞控板是一个双处理器的飞行控制器,有一个擅长于强大运算的 32 bit

STM32F427 Cortex M4 核心 168 MHz/256 KB RAM/2 MB Flash 处理器,还有一个主要定位于工业用途的协处理器 32 bit STM32F103,它的特点就是安全稳定。所以就算主处理器死机了,还有一个协处理器来保障安全。

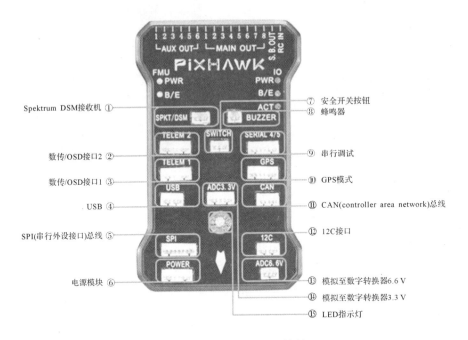

图 3-3-5　Pixhawk 飞控板

5. NAZA 飞控板

NAZA(哪吒)飞控板是国内公司出产的一款多旋翼飞行控制器,主要版本有 Naza - M,Naza - MLite,Naza - M V2 和 Naza - H。对于不想使用类似于 APM 飞控板一样复杂操作的用户来说,NAZA 的飞控板更合适。同样,由于其有正规厂商,所以售后的一些服务比其他开源的飞控板要更好,而且可以保证更高的安全性,如图 3-3-6 所示。

NAZA 飞控板以创新的 All - in - One 设计理念,将控制器、陀螺仪、加速度计和气压计等传感器集成在了一个更轻、更小巧的控制模块中,同时提供 S. Bus 支持,支持在线升级,功能、硬件均可扩展。它不仅继承了该公司产品优异的飞行稳定性,更提供了卓越的手感和机动性,使玩家享受更加愉悦的飞行乐趣。

图 3-3-6　NAZA 飞控板

章 节 小 结

无线电遥控器是利用无线电信号对远方的各种设备进行控制的遥控设备。这些信号被远方的接收设备接收后,可以指令或驱动其他各种相应的机械或者电子设备,去完成各种操作,如闭合电路、移动手柄或开动电机,之后再由这些机械进行需要的操作。无线电遥控设备一般都由遥控发射机、遥控接收机、执行舵机和电子调速器组成。遥控器的品牌有 FUTABA 遥控器、天地飞遥控器和乐迪遥控器等。地面站设备一般都由遥控器、电脑、视频显示器、电源系统和电台等设备组成,简单地说就是一台电脑、一个电台和一个遥控,电脑上装有控制飞机的软件,通过航线规划工具规划飞机飞行的线路,并设定飞行高度、飞行速度、飞行地点和飞行任务等。地面站的功能有飞行器的姿态控制、有效载荷数据的显示和有效载荷的控制、任务规划和导航与目标任务等。无人机飞行控制系统一般包含传感器、机载计算机和伺服作动设备三大部分。飞行控制器是无人机飞行控制系统的核心部件,功能有导航、控制和测量等,常见的有开源飞控板,也有闭源飞控板(也称为商品飞控板),如 KK 飞控板、FF 飞控板、MWC 飞控板、APM 飞控板、Pixhawk 飞控板、玉兔二代飞控板、NAZA(哪吒)飞控板和零度飞控板等。

习 题

1. 发射部分有哪几种类型?接收部分有哪几种类型?请简要叙述。
2. 无线电遥控设备有几种?都有哪些?请简述它们的作用。
3. 遥控器常用的品牌有哪些?请举例说明并简述其特点。
4. 什么是地面站?地面站设备由什么组成?
5. 地面站的基本组成有哪些?
6. 地面站的功能有哪些?请简要叙述。
7. 什么是仪表盘?简述仪表飞行的步骤。
8. 常见的飞行控制器有哪几种?

第4章 无人机的模拟飞行

内容提示

通过无人机的模拟飞行可以学习到物理、数学、外语、机械、航空、气象和计算机等多方面知识,以及头脑协调能力,为实际飞行降低事故率和成本。通过无人机的模拟飞行,可以熟知飞行理论,熟练掌握基本飞行技巧,是无人机操控员必须进行的训练。本章将介绍无人机的模拟飞行需要具备的相关知识点。

教学要求

(1)了解各模拟器软件的优缺点;

(2)掌握模拟飞行的要领;

(3)掌握固定翼、多旋翼、常规旋翼无人机模拟飞行动作;

(4)了解自驾仪的模拟飞行。

内容框架

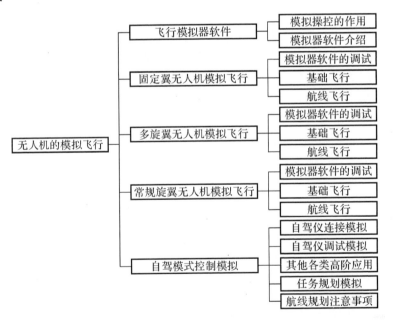

4.1 飞行模拟器软件

4.1.1 模拟操控的作用

利用模拟器软件和模拟遥控设备,可以对特定机型进行模拟操控。模拟器软件能实现90%以上的飞行项目训练和特殊情况处理训练,模拟器软件具有安全、可靠、使用方便、可重复练习、训练成本低廉、不受天气限制、可智能评分和训练过程回放等特点,可以为实际飞行训练降低事故率和成本,是一种安全、高效和经济的训练手段,具有广泛的推广应用前景。

4.1.2　模拟器软件介绍

当前,无人机常用模拟器软件有 PhoenixRC,REFLEX XTR 5.0 和 RealFlight 系列三种。

(1)PhoenixRC。PhoenixRC 是模拟器软件发展的一个里程碑。你会首次在电脑里看到来自真正的照片级的风景,模拟到超真实的飞行器。你能看见你的飞行器碰撞后的残缺的画面、烟雾效果,就连天气效果也模拟得惟妙惟肖。该软件免除了场地、气候和心理因素的干扰,使操控者能快速掌握、提高遥控飞行技术。其独特的优点是环境仿真程度最高、相关设置最简单以及安装过程最方便。

目前该程序有最新版本,可以将德文、法文、英文和中文同时在一个程序中运行,在菜单中选择需要的语言即可。PhoenixRC 安装好后不但拥有众多的机型种类,还可以设计一款只属于自己的特殊机种,可以设定翼展、翼弦、翼型、发动机的大小、螺旋桨的尺寸和涂装等。

(2)REFLEX XTR 5.0。XTR 模拟器软件直接连接电脑和遥控器,手感和设置与操控真正的无人机完全相同,只是在视觉效果中稍有不同。操控者在模拟器软件中操控无人机,练习一段时间后,就可以开始无人机真机的飞行练习了。此外,XTR 模拟器软件不受场地、天气和设备的影响,只要有一台电脑就可以随时随地进行模拟飞行。

模拟器软件中含有数十种直升机、固定翼飞机、多旋翼机和滑翔机等各种飞行器模式,使用者能轻松体验各种飞机的飞行操控。操控员还可以对自己的飞行器和飞行环境进行设置,模拟不同的机型在不同的环境中飞行。

(3)RealFlight 系列(以 G4 为例)。RealFlight G4 模拟器软件画面优质,拥有即时运算的3D 场景,从机体排烟的浓淡到天空云彩的颜色都可自行定义。飞行模拟及对风的特性模拟真度高,可以任意切换持续风、阵风和随机风向等。飞行中可在画面上显示机体各项数据,如螺距、主旋翼转速等。模拟器软件具有飞行录影功能,可录制飞行档案,回放飞行档案时也可以显示摇杆的动作。

4.2　固定翼无人机模拟飞行

4.2.1　模拟器软件的调试

(1)打开 PhoenixRC 模拟器软件后,设置新的遥控器,如图 4-2-1 所示。

(2)将遥控器摇杆置于中立位置,进行校准,如图 4-2-2 所示。

(3)移动所有摇杆到最大限度,进行行程量校准,如图 4-2-3 所示。

(4)再次将摇杆置于中立位置,创建新的模拟器文件,如图 4-2-4 所示。

(5)进行油门/螺距通道设置,如图 4-2-5 所示。

(6)进行副翼通道设置,如图 4-2-6 所示。

(7)进行升降通道设置,如图 4-2-7 所示。

(8)进行方向通道设置,如图 4-2-8 所示。

(9)进行起落架通道设置,如图 4-2-9 所示。

(10)进行襟翼通道设置,如图4-2 10所示。

(11)设置完毕,如图4-2-11所示。

(12)点击更换无人机,选择 Trainer 中的40练习机,查看选择无人机是否正确,如图4-2-12所示。

(13)如果发现飞机通道相反,点击控制通道设置—编辑配置文件,如图4-2-13所示。

(14)在相反通道的设置后面,打"√"或者取消"√",如图4-2-14所示。

(15)调试完毕后准备起飞。

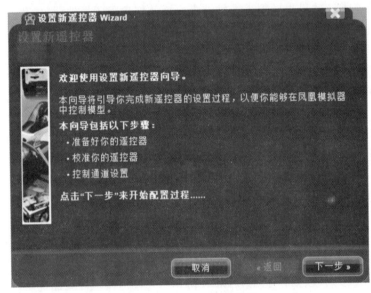

图4-2-1 设置新遥控器

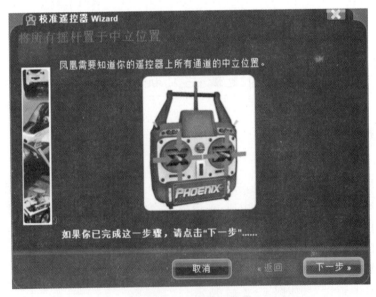

图4-2-2 校准遥控器

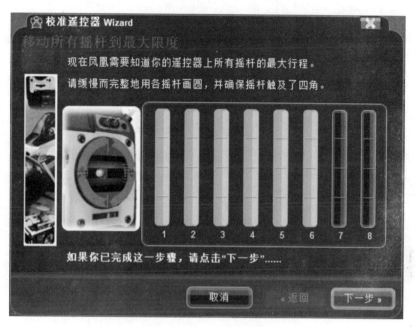

图 4-2-3　行程量校准

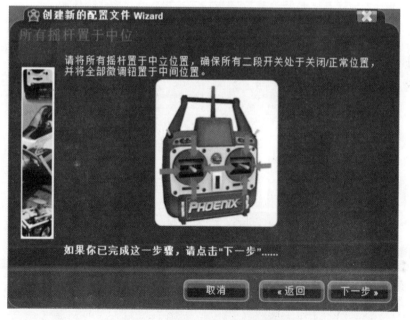

图 4-2-4　创建新的模拟器文件

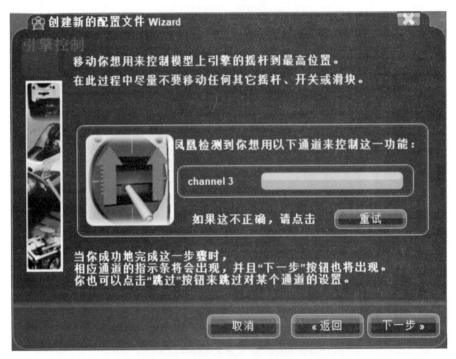

图 4-2-5 油门设置

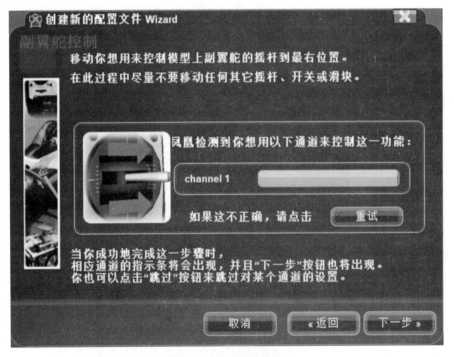

图 4-2-6 副翼设置

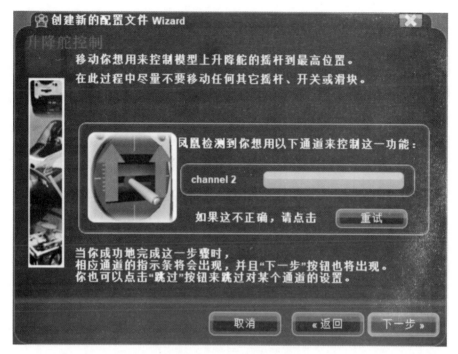

图 4 - 2 - 7　升降设置

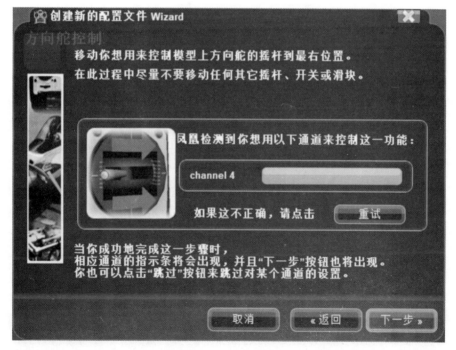

图 4 - 2 - 8　方向设置

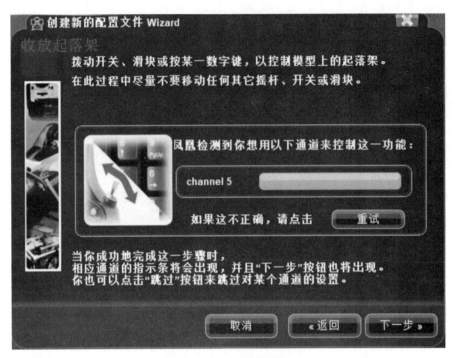

图 4 - 2 - 9 起落架设置

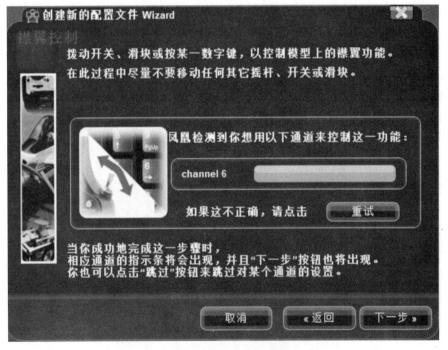

图 4 - 2 - 10 襟翼设置

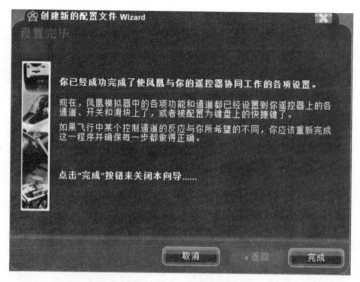

图 4 - 2 - 11　设置完毕

图 4 - 2 - 12　设置模型

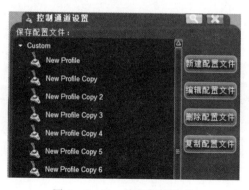

图 4 - 2 - 13　编辑配置文件

图 4-2-14　控制通道更改

4.2.2　基础飞行

1.起飞

油门操控量的掌握,包括摇杆位置改变,速度的掌控能力;起飞沿跑道滑跑的平衡,需要用到方向舵控制起落架轮子的方向,从而确定飞机机头的方向,保证飞机的去向;在飞机滑行跑道过程中,根据滑行长度及螺旋桨转速,选择适当的位置,配合速度使用升降舵沿 45°方向向上爬升;起飞过程中尽量避免摇动副翼摇杆使飞机左右倾斜,机头角度避免摇动方向及升降摇杆偏离 45°爬行轨迹,起飞角度过大、过小都会影响飞机受力角度造成偏离航线的情况,如图4-2-15所示。

图 4-2-15　起飞

2.降落

首先,飞机到最后飞行的阶段,准备进行滑行,此时操控者不要转动整个身体来正对飞机,而是只转动头部来看着飞机。然后因为降落时候的紧张感,在降落的时候打出反向的舵面而造成坠落的情况也很多。为了将这个危险性降到最低,不要将整个身体转向飞机而是只转动头部看飞机,如此,就能针对飞机的飞行姿态来做出正确的判断。其次,理想的接触地面位置是在自己的前方,再从这一点开始进入慢慢滑行状态,这样一来就能够冷静地进行方向舵的操作。最后,是否要重新进行降落,要早一点进行判断。即使是感觉到有一点点的不安全因素,也要马上催加油门,回到空中,再次尝试降落,如图4-2-16所示。

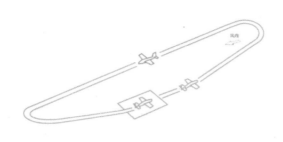

图4-2-16　降落操控

3.平稳飞行

操纵一般经历三个过程:①观察飞机的飞行方向、空域位置、左右倾斜的坡度、飞行高度的变化、俯仰角度、飞行速度的快慢和发动机马力的大小等。以模拟固定视角观察飞机姿态,要以自己和地面作参照物。看无人机是背着你向前飞行,还是头朝着你飞行,模拟所设置风向是逆风、顺风还是侧风,飞行轨迹是否直平。②通过观察飞行姿态和计划飞行的动作要求作比较,经过判断不一致就要通过遥控操纵给予修正。判断要正确,不正确的判断会导致错误的操纵。③操纵修正飞行姿态需要根据观察和判断的结果进行操纵。操纵过程中,还要根据全面的观察和判断结合动作要求进行适量的操纵杆动作。直线飞行是所有飞行动作的基础,即使模拟飞机舵机已校准至中立位置,飞机仍不能长时间保持直线飞行。模拟飞行软件也具有飞机受到风或气流影响的效果,产生偏航时及时修正操纵杆,才能控制飞机在空中保持直线飞行,如图4-2-17所示。

图4-2-17　平稳飞行

4.高低空域飞行

平凸翼型的练习飞机的特点是,机翼相对于空气的流动速度越快,机翼的升力就越大,当升力等于飞机重力时,飞机处于等高度平飞状态,而如果此时继续增加油门的话,飞机速度提升后,升力将大于飞机重力,此时飞机就处于爬升阶段,反之则是下降阶段。

一般经验情况,油门在1/4油门状态下,大多数上单翼平凸翼型练习飞机就可以保持住等高平飞了,超过这个油门量时,飞机开始爬升高度,低于这个油门量时,飞机开始降低高度。由于各种飞机的特性不一样,在整个爬升的过程中,有可能还要维持一下升降舵的舵量,以维持无人机高度增加。

控制飞机下降其实是和之前的飞机上升过程相反的一个动作,当油门较小时,机翼升力不足以承载整个飞机的重力,这时无人机开始下降,以到达操纵者需要的高度,待高度满意后,再恢复到大概1/4油门的水平,飞机又在一个新的高度继续同高度平飞,如图4-2-18所示。

图 4-2-18 高低空域飞行

5.高空水平转弯

正确转弯的方法是小量地操纵副翼操纵杆,使飞机的机翼倾斜,形成转弯坡度,然后让副翼操纵杆回中以避免飞机进入螺旋,接下来拉动升降舵操纵杆开始进入转弯,并同时保持飞机的飞行高度,升降舵此时配合飞机转弯和防止飞机掉高度。

飞机转弯的时候,一开始控制副翼操纵杆的幅度,决定了飞机转弯的快慢,如果副翼打的量很小,只要拉动很小幅度的升降舵即可维持飞机的转弯和不掉高度,如果开始副翼的偏转量很大,就需要拉动更大幅度的升降舵来维持飞机的高度,此时飞机的转弯速度会增加,转弯半径也会减小了。

转弯动作中一个很重要、很有必要的操控动作是打副翼然后回中,这样操纵是让飞机形成转弯坡度,最终通过升降舵来实现转弯,但是如果打了副翼不回中,机翼上收到的是持续的扭矩,飞机将开始滚转,称之为横滚,这不是期望的转弯动作,所以在无人机转弯的时候,一定记住要打副翼,然后自然回中,才可以飞出理想的转弯动作,如图4-2-19所示。

图 4-2-19 转弯

4.2.3　航线飞行

1. 四边航线（矩形航线）

一边（离场边）：一般称为起飞边，因为前期飞行练习已掌握起飞能力，即沿跑道不碰撞两侧草地平稳起飞，所以第一边的飞行能力已经掌握了。

二边（侧风边）：在单航线飞行基础下作一个 90°的左转弯进入二边。由于飞行轨迹线与跑道垂直并和风向交叉，这部分起落航线叫作侧风边（二边）。飞行练习应在模拟数据显示高度 100 m 内进行，这样可通过固定视角观察飞机（但不排除对飞机姿态错误判断的可能性）。飞机在飞越跑道的离场尽头时，在起飞至航线最高飞行高度内，开始做转弯动作。

三边（下风边）：从第二边转弯直飞后向三边飞行需要再作一个 90°的转弯，这样飞机就会与跑道平行，并沿着与着陆航向相反的方向飞行。由于飞机在此边上顺风飞行，所以三边也叫作下风边（模拟自然条件，但在模拟软件中可利用风向风力调整，注意调整后避免顺风起降）。此边可以更随意地靠近跑道，当高空飞行中选择了发动机可终止状态时，可以靠飞机自身滑翔动力接近跑道，保证航线完整可降落。飞行时注意固定视角应可观察到跑道，若离跑道太远错过参照物就没有意义了。建议初期飞行在可观察姿态的近距离操控，这样能更及时地作必要修正。那么三边的转弯时机如何掌握呢？大约进入二边直线飞行 5～10 s 左右（根据飞行速度及目视姿态掌握），此时进入三边第二次 90°转弯，此时三边的航向是与起飞时相反的航向（也可根据右下角飞行数据判断）。飞机在进入三边转弯后应处于准备着陆状态，如模拟软件选择带有襟翼的飞行器，则需要通过辅助通道开关开启襟翼，使飞机做出俯仰姿态，但要在保持一定高度的情况下配平改变俯仰，由此进入起落跑道航线范围。

四边（基线边）：准备降落的直线准备完成后进入最后 90°转弯边，位置判定为着陆点与机翼、尾翼成 45°角时开始转弯，这样的四边航线构成矩形完整起落航线。尽可能拉长三边的直线飞行距离以保证四边转弯半径足够，飞机延伸直线至跑道着陆点，如三边直线飞行距离不够直接进入四边则从俯视飞机的视角来看，就是三边航线了，不满足四边航线飞行轨迹，如图 4-2-20所示。

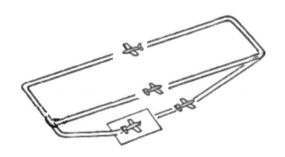

图 4-2-20　矩形航线

2. "8"字航线

飞机起飞后进入预定航线飞行区域盘旋，使飞机平飞、转弯盘旋确定飞行范围；确定"8"字航线起始航点（尽量不选择"8"字两端转弯位置为起始航点）；从起始航点开始直线飞行至"8"字航线一端转弯点开始飞行，转弯方法依据水平转弯方法，即压副翼、副翼回中、操纵升降舵、升降舵回中、反方向压副翼和副翼回中,如此反复。整个航线过程中应根据目视判断,适度操纵升降通道使飞机保持飞行高度;操纵副翼通道使飞机保持平稳飞行姿态;操纵方向通道使飞机机头方向去往预定方向;操纵油门通道使飞机根据所需速度飞行(飞行速度、转速可通过模拟软件中模拟发动机声音判断,声音越大,转速越快,速度越快;声音越小,转速越小,速度越慢),如图4-2-21所示。

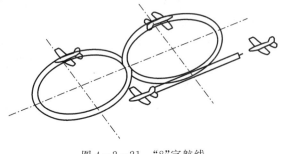

图4-2-21 "8"字航线

3.着陆航线

飞机逆风飞行进入跑道上空,自空域中心线开始进入着陆航线第一边(此时要保持一个适当的高度),然后开始第一个90°转弯并平飞,接着完成第二个90°转弯并平飞进入第三边,第三边飞行要逐渐减速并下降高度,接着完成第三个90°转弯并平飞进入第四边继续下降高度,接着完成第四个90°转弯并对准跑道,此时调整好下滑角在接近跑道时拉平飞机至着陆区柔和接地滑跑至停止,如图4-2-22所示。

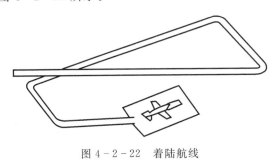

图4-2-22 着陆航线

4.3 多旋翼无人机模拟飞行

4.3.1 模拟器软件的调试

配置新遥控器后,无须再进行新的遥控器配置。多旋翼无人机调试方法与固定翼无人机调试方法相同。

打开PhoenixRC模拟器软件,点击更换无人机,选择Park-flier中的350练习机,查看选择无人机是否正确,准备进行模拟飞行,如图4-3-1所示。

图 4 - 3 - 1 多旋翼机型界面

4.3.2 基础飞行

1.起飞降落与悬停

多旋翼机头向前从场地中央柔和起飞至目视高度飞行后,保持飞行器机头方向与自己一致,进行原地起飞和降落;起飞后,保持飞行器机头方向与自己一致,练习悬停,注意通过控制前/后/左/右来调整飞行器的悬停位置,如图 4 - 3 - 2 所示。

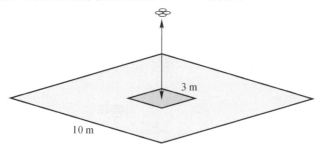

图 4 - 3 - 2 起飞降落与悬停

2.四位悬停

多旋翼在起降区起飞,垂直匀速上升至2 m停2 s,控制飞行器向左(或向右)旋转,旋转结束时必须保持飞行器机头方向与自己一致,多旋翼垂直匀速下降着陆于起飞区,如图4-3-3所示。

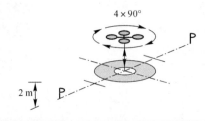

图4-3-3 四位悬停

3.水平位移

机头向前于起降区起飞,垂直匀速上升至2 m高度悬停2 s,无人机向左(或向右)作水平匀速移动至1号(或2号)旗上空悬停至少2 s,接着作反向水平匀速移动至2号(或1号)旗上空悬停至少2 s,再作反向水平匀速移动至起降区上空悬停至少2 s,多旋翼垂直匀速下降着陆于起降区,如图4-3-4所示。

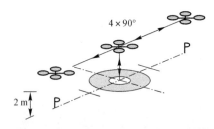

图4-3-4 水平位移

4.3.3　航线飞行

1. 矩形航线

飞机从起降区垂直起飞至 2 m 高度悬停至少 2 s,飞机后退飞行同步完成任意方向自转 180°,至 1 号(或 2 号)旗上方悬停至少 2 s,飞机垂直上升飞行至 7 m 高度悬停 2 s,飞机后退飞行至 2 号(或 1 号)旗上方 7 m 高度悬停至少 2 s,飞机垂直下降飞行至 2 m 高度悬停至少 2 s。飞机前进飞行同步完成任意方向自转 180°,至起降区上方悬停至少 2 s,垂直下降并着陆在起降区,如图 4-3-5 所示。

2. 双向水平"8"字航线

飞机从起降区垂直匀速起飞至 2 m 高度悬停 2 s,飞机以半径 5 m 圆轨迹作机头向内(或向外)水平圆周飞行回到起降区上空,紧接着以半径 5 m 圆轨迹作机头向外(或向内)水平圆周飞行回到起降区上空悬停 2 s,飞机垂直匀速下降着陆于起降区,如图 4-3-6 所示。

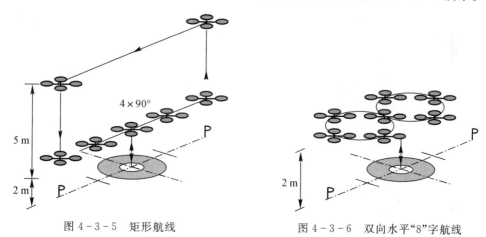

图 4-3-5　矩形航线　　　　　　　图 4-3-6　双向水平"8"字航线

3. 起降航线

飞机从起降区垂直匀速起飞至 2 m 高度悬停 2 s,飞机沿 45°线上升前进飞行至不小于 15 m 的高度,进入水平直线飞行不少于 10 m,紧接着飞机以不小于 2 m 的半径进入向左(或向右)180°转弯后沿当前高度和航向完成不少于 50 m 的水平直线飞行,紧接着飞机以不小于 2 m 的半径进入向右(或向左)的水平 180°转弯后沿当前高度和航向完成不少于 10 m 的水平直线飞行,飞机沿 45°线下降飞行至起降区上空 2 m 高度悬停 2 s,飞机垂直匀速下降着陆于起降区,如图 4-3-7 所示。

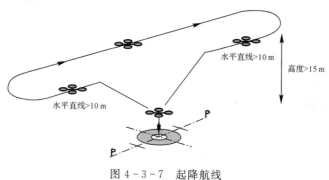

图 4-3-7　起降航线

4.垂直横"8"字带反向自转

飞机从起降区垂直匀速起飞至 4.5 m 高度悬停 2 s,飞机沿"8"字轨迹飞行的同时机体同步自转,"8"字第一个圆自转一周,第二个圆反向自转一周,自转的反向点位于两个圆的切点位置,在起降区上空 4.5 m 的位置结束"8"字飞行,悬停 2 s,飞机垂直匀速下降着陆于起降区,如图 4-3-8 所示。

5.酒杯航线

飞机从起降区垂直起飞同时作 180°旋转至 2 m 高度悬停至少 2 s,以 1/4 个半径 5 m 圆为轨迹飞行同时作任意方向 180°旋转停止于 1 号(或 2 号)旗上方 7 m 高度悬停至少 2 s,后退水平飞行同时作两个相反方向的 180°旋转至 2 号(或 1 号)旗上方悬停至少 2 s(两个反向旋转的变化点应位于中心线位置),以 1/4 个半径 5 m 圆为轨迹飞行同时作任意方向 180°旋转停止于起降区上方 2 m 高度悬停至少 2 s,飞机垂直下降并作任意方向 180°旋转着陆在起降区,如图 4-3-9 所示。

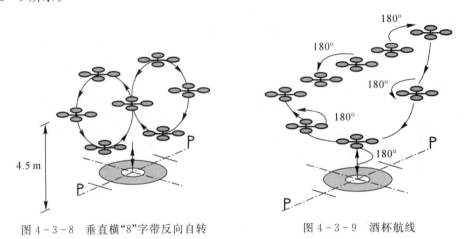

图 4-3-8　垂直横"8"字带反向自转　　　　图 4-3-9　酒杯航线

6.水平移位航线

飞机在操纵手正前方以不低于 5 m 的高度水平直线飞行 10 m 以上进入动作,飞机在水平直线飞行过程中依次完成 4 个任意方向机头指向的停顿,每个停顿之间机头自转 90°,完成后无人机水平直线飞行不少于 10 m 结束动作。4 个停顿过程中,机体重心的移动轨迹应保持水平直线,如图 4-3-10 所示。

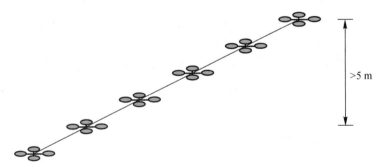

图 4-3-10　水平位移航线

4.4　常规旋翼无人机模拟飞行

4.4.1　模拟器软件的调试

配置新遥控器后,无须再进行新的遥控器配置。

(1)打开 PhoenixRC 模拟器软件,点击更换无人机,选择 Aerobatic 中的 700 练习机,如图 4-4-1 所示。

图 4-4-1　设置模型

(2)如果发现飞机通道相反,点击控制通道设置—编辑配置文件,如图 4-4-2 所示。

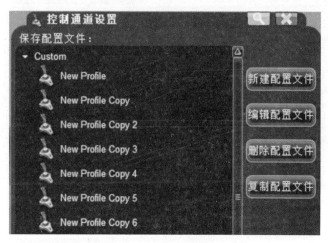

图 4-4-2　编辑配置文件

(3)点击详细信息,选择直升机界面,在相反通道的后面,打"√"或者取消"√",如图 4-4-3 所示。

(4)点击完成,准备起飞。

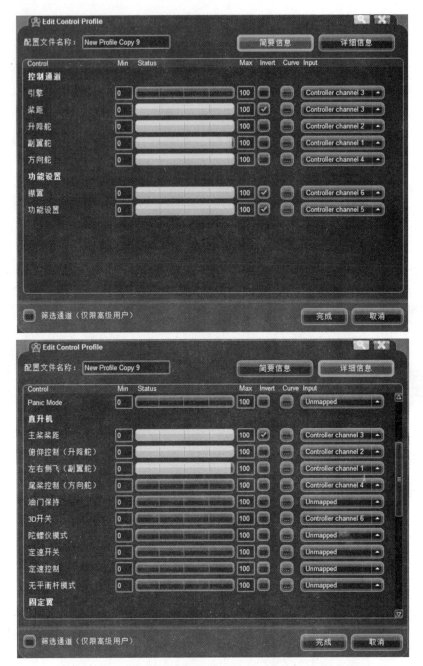

图 4 - 4 - 3 控制通道

4.4.2 基础飞行

1.起飞与降落

旋翼机头向前从场地中央柔和起飞至目视高度飞行 10～20 s 后,旋翼柔和下降着陆于场地中央 3 m² 范围内,如图 4 - 4 - 4 所示。

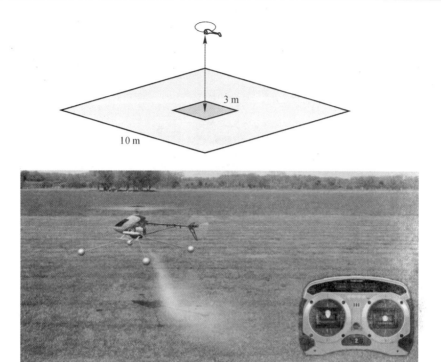

图 4-4-4　起飞与降落

2. 悬停

旋翼机头向前于起降区起飞,垂直匀速上升至 2 m 高度悬停不少于 4 s,旋翼垂直匀速下降着陆于起降区,如图 4-4-5 所示。

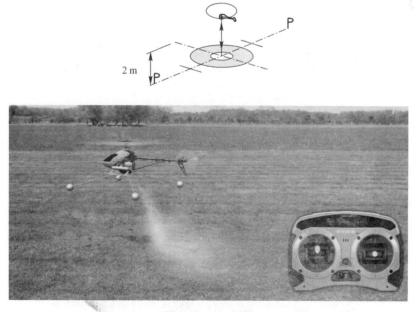

图 4-4-5　悬停

3. 四位悬停

旋翼机头向前于起降区起飞,垂直匀速上升至 2 m 高度悬停 2 s,机体向任意方向依次做 4 个 90°缓慢自转并在每个 90°位置悬停 2 s 以上,旋翼垂直匀速下降着陆于起降区,如图 4-4-6 所示。

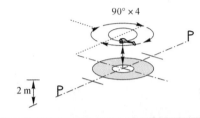

图 4-4-6　四位悬停

4. 水平位移

旋翼机头向前于起降区起飞,垂直匀速上升至 2 m 高度悬停 2 s,旋翼右水平匀速移动至 1 号(或 2 号)旗上空悬停至少 2 s,旋翼反向水平匀速移动至 2 号(或 1 号)旗上空悬停至少 2 s,旋翼反向水平匀速移动至起降区上空悬停至少 2 s,旋翼垂直匀速下降着陆于起降区,如图 4-4-7 所示。

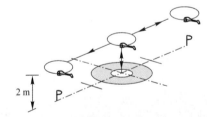

图 4-4-7　水平位移

4.4.3　航线飞行

1. 垂直矩形带 180°自转

旋翼机头向左(或向右)于起降区起飞,垂直匀速上升至 2 m 高度悬停 2 s,水平后退飞行至 1 号(或 2 号)旗上空悬停 2 s,垂直上升同步作 180°自转至 7 m 高度悬停 2 s,水平后退飞行至 2 号(或 1 号)旗上空 7 m 高度悬停 2 s,旋翼下降同步作 180°自转至 2 m 高度悬停 2 s,旋翼后退飞行至起降区上空 2 m 高度悬停 2 s,垂直匀速下降着陆于起降区,如图 4 - 4 - 8 所示。

2. 机头向外盘旋一周

旋翼机头向左(或向右)于起降区起飞,垂直匀速上升至 2 m 高度悬停 2 s,飞行至 1 号(或 2 号)旗上空悬停 2 s,旋翼向左(或向右)作半径 5 m 的机头向外水平圆周飞行回到 1 号(或 2 号)旗上空悬停 2 s,水平后退飞行至起降区上空悬停 2 s,旋翼垂直匀速下降着陆于起降区,如图 4 - 4 - 9 所示。

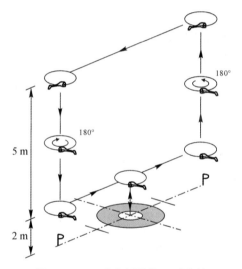

图 4 - 4 - 8　垂直矩形带 180°自转

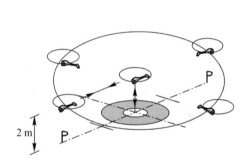

图 4 - 4 - 9　机头向外盘旋一周

3. 半圆航线

旋翼从起降区垂直起飞至 2 m 高度悬停至少 2 s,旋翼后退飞行同步完成任意方向自转 180°,至 1 号(或 2 号)旗上方悬停至少 2 s,旋翼以 1/2 半径 5 m 圆为轨迹后退上升、下降飞行,至 2 号(或 1 号)旗上方悬停至少 2 s,前进飞行同步完成任意方向自转 180°,至起降区上方悬停至少 2 s,垂直下降并着陆在起降区,如图 4 - 4 - 10 所示。

4. 垂直三角带自转

旋翼垂直匀速起飞至 2 m 高度悬停 2 s,水平后退飞行至 1 号(或 2 号)旗上空悬停 2 s,无人机 180°自转悬停 2 s,后退上升至起降区上空 7 m 高度悬停 2 s,作任意方向 360°自转悬停 2 s。旋翼沿 45°线后退下降至 2 号(或 1 号)旗上空 2 m 高度悬停 2 s,作任意方向 180°自转悬停 2 s,水平后退飞行至起降区上空悬停 2 s,垂直匀速下降着陆于起降区,如图 4 - 4 - 11 所示。

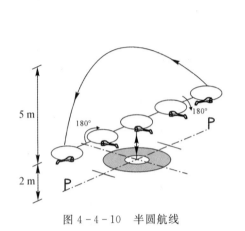

图 4 - 4 - 10 半圆航线

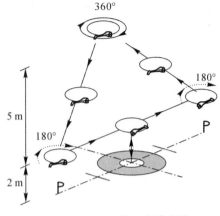

图 4 - 4 - 11 垂直三角带自转

4.5 自驾模式控制模拟

无人机自动驾驶仪或自驾仪又称无人机飞控,目的是让无人机实现自主飞行,可以理解为人体的大脑,无人机自主地执行任务,依据事先规划的飞行计划,无人机可不依赖外部指令完成从起飞到降落的全部飞行过程,系统在没有人或预先设定程序的干预下,能够自己完成飞行任务。对于自驾仪的连接、调试以及后面的任务规划等都需要一个学习使用的过程,以减少因经验问题而造成的损失成本,因而自驾仪模拟器成了促进飞手以及工作人员的飞行经验逐渐成熟的装备。

1.自驾仪连接模拟

任何自驾仪的设备连接位置可能不一致,不论固定翼或多旋翼等,但是理论连接都是相同的。例如固定翼的一副翼、二升降、三油门和四方向连接顺序;多旋翼的电机位置序号对应连接等。

2.自驾仪调试模拟

(1)地面站软件刷写对应机型固件。无人机固件是支持无人机飞行和功能的软件方式,对应机型要刷写对应固件,例如 V 形尾翼固定翼无人机刷写 V 形尾翼的固件;四旋翼无人机刷写四旋翼固件。

(2)连接飞控与地面站调参软件进行基础调参。加速度校准:现在无人机使用的三轴加速度计一般情况下都会校准水平位置、向上和向下等六个方向位置;罗盘校准:校准过程周围不能有大型金属物或强磁场,因为每一个地方的磁场大小及方向都不一样,所以每到一个新位置都要对磁罗盘进行重新校准;遥控校准:遥控器四个基础调试(油门、横滚、俯仰和偏航),对其舵向正反、舵量调试,如果设置拓展通道也要对其进行同样的调试。

(3)调整 PID 参数。无人机应用最为广泛的调节器控制规律为比例、积分和微分控制,简称 PID 控制,又称 PID 调节。PID 用于控制精度比例是必需的,它直接影响精度,影响控制的结果;积分相当于力学的惯性能使振荡逐渐平缓;微分控制提前量相当于力学的加速度,影响控制的反应速度,太大会导致大的超调量使系统极不稳定,太小会使反应缓慢。

1)PID 调试步骤。在输出不振荡时,增大比例增益 P;在输出不振荡时,减小积分时间常

数 T_i；在输出不振荡时，增大积分时间常数 T_d。

2）一般调试步骤。确定比例增益 P 时，首先去除 PID 的积分项和微分项，一般是令 $T_i=0$，$T_d=0$，PID 为纯比例调节。输入设定为系统允许的最大值的 $60\%\sim70\%$，由 0 逐渐加大比例增益 P，直至系统出现振荡；再反过来，从此时比例增益 P 逐渐减少，直至系统振荡消失，记录此时的比例增益 P，设定 PID 的比例增益 P 为当前值的 $60\%\sim70\%$。比例增益 P 调试完成。

比例增益 P 确定后，设定一个较大的积分时间常数 T_i 的初值，然后逐渐减小 T_i，直至系统出现振荡；之后再反过来，逐渐增大 T_i，直至系统振荡消失，记录此时的 T_i，设定 PID 的积分时间常数 T_i 为当前值的 $150\%\sim180\%$。积分时间常数 T_i 调试完成。

积分时间常数 T_d 一般不用设定，为 0 即可，若要设定，与确定 P 和 T_i 的方法相同，取不振荡时的 30%。系统空载、带载联调，再对 PID 参数进行微调，直至满足要求。

3.其他各类高阶应用

当使用开源飞控时，所要改变、调整的参数会更多，通过这些参数来完成开关功能、各功能的微型调整，以及无人机的飞行姿态等。

4.任务规划模拟

在现在的无人机应用广泛的情况下，任务规划技术也逐渐体现出其重要性。任务、航线规划，就是对任务进行规划，以及对无人机工作过程、方法的组织和计划。航线规划是任务规划最核心的集中体现。

以 PIX 飞控、垂直起降固定翼为例：

（1）将 Q_OPYIONS 加上 bit4(16)以启用 VTOL_LAND 自动盘旋且迎风降落。

（2）加入启航点、飞行航线 AB 点以及归航点等，设置其航点高度、速度等参数。

1）VTOL_TAKEOFF：20(meter)，多轴起飞到 20 m 自动转固定翼；

2）LOITER_TO_ALT：600(meter)，到达预定爬升盘旋点爬升到 600 m；

3）VTOL_LAND：50(meter)，固定翼盘旋到 50 m 找风向转多轴降落；

4）加载航点至飞控。

（3）在动作栏中进行解锁并加载任务航线，根据上述设置航点（VTOL_TAKEOFF：20 m），无人机将会在启航点进行多轴垂直爬升起飞，爬升到 30 m 多轴自动转固定翼以固定翼方式飞行到下一个航点，根据航点和航点信息（LOITER_TO_ALT：600 m）无人机盘旋爬升到 500 m，无人机爬升到 500 m 以后自动向归航点飞行前进，到达归航点（VTOL_LAND：50 m）后自动绕圈下降并找风向从而迎风进场，然后固定翼自动转固定翼进行降落。

5.航线规划注意事项

无人机在执行任务时存在地点限制，比如障碍物、凹凸不平地形等地理环境，在航线规划时应尽量避免这些险峻区域，提升无人机的安全性和工作效率。航线区域的气象因素也会影响任务效率，要做好应对措施。时刻观察地面站各仪表盘以及参数的变化，从而观察无人机姿态，保持无人机的安全性。无人机脱离视线以后，肉眼将无法观察飞机姿态，所有数据都会通过数据链路传送到地面站显示和实时变化。无人机要具备重新规划功能，由于任务工作环境以及其他因素的不确定性和未知性，无人机可能会要临时改变飞行任务。

章 节 小 结

无人机常用模拟器软件有 PhoenixRC,REFLEX XTR 5.0 和 RealFlight 系列三种。PhoenixRC 是软件发展的一个里程碑,能够看到来自真正的照片级的实景。固定翼模拟飞行的训练需要掌握起降飞行和一些基本的飞行技巧,才能够按照航线平稳飞行;旋翼无人机也同样如此,掌握其基本飞行技巧才能够按照特定航线飞行。

习 题

1.常用的模拟器软件有哪几种? 请简单介绍一下。

2.为什么要进行模拟操控的训练? 模拟操控训练有什么好处?

3.固定翼模拟基础飞行有哪几个方面?

4.固定翼模拟飞行时如何进行高空水平转弯?

5.固定翼模拟飞行如何进行直线倒飞?

6.多旋翼无人机基础飞行有哪几个方面?

7.如何理解四位悬停? 请做出解释。

8.常规旋翼无人机基础飞行有哪几个方面?

第5章 无人机的飞行训练

内容提示

无人机的飞行训练,是由模拟转换为实际飞行的过程。无人机实际飞行分为两部分:手动飞行、自主飞行。通过手动飞行训练可以使操控技术更加熟练,在自主飞行过程中出现问题时,切换为手动飞行,可以保证无人机及地面人员的安全。通过本章的学习将可以了解无人机飞行各阶段的注意事项及无人机飞行要领。

教学要求

(1)掌握固定翼、多旋翼和常规旋翼无人机的飞行要领;

(2)了解无人机及设备的保养和维护;

(3)掌握飞行各阶段的检查;

(4)了解安全飞行原则。

内容框架

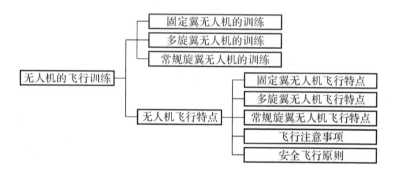

5.1 固定翼无人机的训练

飞行分为手动操控和自主飞行两种。手动操控是指驾驶员通过遥控器杆操控飞机的飞行。自主飞行控制是指通过地面站控制飞机的飞行,这时驾驶员只进行监控,不直接参与对飞机的控制(本章针对手动操控进行讲解,自主飞行将在第六章进行讲解)。

固定翼无人机在一定高度飞行时,迎角和速度有着密切的关系:速度慢时,需要让飞机上仰保持飞行高度,否则飞机将下坠;速度快时,需要推操作杆,否则飞机将上升。因此,飞机处于临界攻角时,必然导致飞行速度降到最低。固定翼无人机的飞行速度等于失速速度时,无人机会直线下坠,如无人机的飞行速度低于失速速度就不能维持飞行状态了。所以,必须把飞行速度提高到高于失速速度,才能保证正常飞行,而且要保证这种速度直到降落。接触地面时,飞行速度从 v(高于失速速度)降到0。

固定翼无人机对湍流非常敏感,而湍流往往出现在靠近地面的地方。着陆时是固定翼无人机最容易损坏的时候,因为低速度会影响操作指令的执行结果。无人机应该保证一个最大升角度,超过这一角度,固定翼无人机的速度和升力会骤降;同时,应保证一个最大下降角度,超过这一角度,无人机的速度会猛增。

(1)固定翼无人机飞行动作训练:起飞接180°转弯、矩形航线飞行、水平"8"字飞行、着陆航线和着陆,如图5-1-1所示。具体动作描述如下。

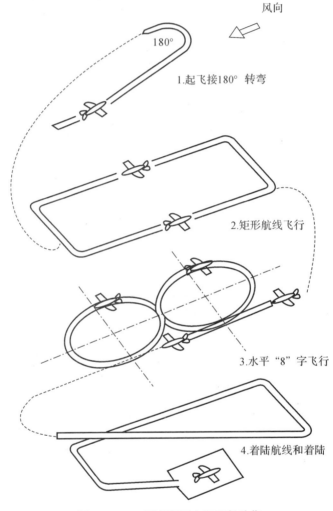

图5-1-1 固定翼无人机飞行动作

1)起飞接180°转弯。无人机逆风从起飞线开始柔和加速直线滑跑10 m以上,柔和离地,小角度爬升至一定高度后作180°转弯,进入顺风直线飞行。飞行训练要求如下:

A.直线滑跑,滑跑轨迹与跑道轴线夹角不应大于30°;

B.不能离地过猛、爬升角过大以及爬升轨迹变化;

C.180°转弯要连贯、柔和。

2)矩形航线飞行。无人机逆风飞行进入跑道上空,从空域中心开始进入,等高矩形航线第一边,然后分别在相应位置作4个90°转弯,完成1个封闭的水平矩形航线。飞行训练要求如下:

A.进入矩形航线的第一边直线要与跑道轴线平行;

B.转弯柔和,且转角是90°;

C. 矩形航线 4 边同等高度，飞行轨迹高低、方向不变化。

3) 水平"8"字飞行。无人机飞行进入，自飞过空域中心开始作 1 个水平"8"字盘旋飞行，进入方式不限，但飞出必须是顺风飞行。飞行训练要求如下：

A. 1 个相切圆的"8"字；

B. 1 个水平状的轨迹；

C. 进入和飞出在同一高度；

D. "8"字盘旋飞行轨迹不能有重复段。

4) 着陆航线和着陆(50 m×50 m)。无人机逆风飞行进入跑道上空，自空域中心线开始进入，着陆航线第一边(此时要保持一个适当的高度)，然后开始第一个 90°转弯并平飞，接着完成第二个 90°转弯并平飞进入第三边，第三边飞行要逐渐减速并下降高度，接着完成第三个 90°转弯并平飞进入第四边继续下降高度，接着完成第四个 90°转弯并对准跑道，此时调整好下滑角在接近跑道时拉平无人机至着陆区柔和接地滑跑至停止。飞行训练要求如下：

A. 着陆航线的 4 边飞行应该是一个逐渐下滑的过程；

B. 4 个 90°转弯柔和，转角约 90°；

C. 第四转弯应对正跑道，4 条边飞行轨迹高低一样，方向不变化；

D. 着陆接地不能粗暴、反跳、侧滑或倾翻；

E. 着陆在指定区域；

F. 不能出现接地复飞，若出现则为零分。

(2) 固定翼无人机飞行训练技巧。

1) 起飞。起飞前必须确认风向，所有飞机起飞均应正向对迎风面起飞才有适当的浮力，降落亦要正面迎风降落，否则易因风速与机速相同时升力骤降，造成失速坠毁。

起飞动力一定要够，风大时浮力够，飞机可以轻轻丢出，或是地面起飞时只需 1/2 油门即可浮起；风小时必须加大动力，才会有足够的升力将飞机升起。

起飞离地后飞机攻角：飞机起飞后需注意油门大小与飞机上升攻角的搭配(升降舵控制飞机上升的攻角)，切勿突然加大飞机上升攻角，否则易造成飞机失速，初学者应尽量以小动作控制升降舵使飞机呈现稳定上升状态。

注意高度：起飞后注意飞机高度，切勿忽上忽下，宜先将飞机拉高至一安全高度后再开始后续巡航等动作。

起飞离地时需注意随时修正机体副翼动作，有些时候因反扭力造成飞机一离地就往左边偏，反扭力过大时甚至可能一离地就左旋坠毁(需看螺旋桨与发动机搭配问题，螺旋桨与飞机翼展比例而言，螺旋桨越大的反扭力越大)，适时地左右修正飞机姿态以呈现平稳的上升动作。

尾舵控制：一般地面起飞的飞机最好安装尾舵控制动作，地面起飞时先慢慢加油门，然后用尾舵控制机头方向正向迎风方向后，慢慢加大油门，直到起飞速度建立后慢慢拉起升降舵使飞机起飞。

2) 巡航。飞机起飞到一定高度后便开始进入巡航动作，一般无人机主要巡航动作较为固定，因目视的空域有限，通常以左右来回为主要航道，航道与风向成平行，左右两端点作飞机回转转弯动作，中间则以平稳飞行直线航道为主，待练习成熟后，慢慢将航线变成圆周航线。

3) 转弯。将无人机单一方向左或向右(副翼)侧倾，副翼动作尽量轻柔，当无人机倾斜后副翼动作便回到约中立点的位置，不可一直打，否则角度会持续加大。侧倾时飞机正向浮力减少,无人机会往下掉,此时需补上一点油门加上微微压下一点升降舵,无人机便会呈现平稳的转弯动作,再要进入直线巡航动作之前,必须先慢慢将无人机倾斜状态回正,否则进入直线时往往会造成回转角度过大。

5.2 多旋翼无人机的训练

多旋翼无人机在它的每个轴上各安装一个旋翼,由电机分别带动,螺旋桨可正转也可反转。为了保持稳定飞行,陀螺仪和三轴加速计组成无人机惯性测量单元。其平衡飞行时,陀螺效应和空气动力扭矩均应抵消。

各个旋翼对机身所施加的反扭矩与旋翼的旋转方向相反。因此当不同位置电机顺时针与逆时针旋转时,可以平衡旋翼对机身的反扭矩,所以可以通过调节不同电机的转速来实现多旋翼无人机的基本动作。

(1)多旋翼无人机飞行动作训练:起飞/悬停、四位悬停和水平移位,如图5-2-1所示。具体动作描述如下。

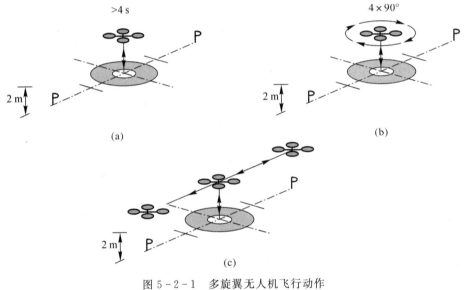

图5-2-1 多旋翼无人机飞行动作
(a)起飞/悬停; (b)四位悬停; (c)水平移位

1)起飞/悬停。机头向前于起降区起飞,垂直匀速上升至2 m高度悬停不少于4 s,无人机垂直匀速下降着陆于起降区。飞行动作要求如下:

A. 无人机在2 m高度悬停4 s以上;

B. 无人机悬停过程中不应出现位移或高度变化;

C. 无人机不能粗暴着陆或未落在起降区内。

2)四位悬停。机头向前于起降区起飞,垂直匀速上升至2 m高度悬停2 s,机体向任意方向依次做4个90°缓慢自转并在每个90°位置悬停2 s以上,无人机垂直匀速下降着陆于起降区。飞行动作要求如下:

A. 无人机每位悬停2 s以上;

B.自转应是 90°;

C.无人机悬停、自转过程中不应出现位移和高度变化;

D.无人机不能粗暴着陆或未落在起降区内。

3)水平移位。机头向前于起降区起飞,垂直匀速上升至 2 m 高度悬停 2 s,向左(或向右)作水平匀速移动至 1 号(或 2 号)旗上空悬停至少 2 s,接着作反向水平匀速移动至 2 号(或 1 号)旗上空悬停至少 2 s,再作反向水平匀速移动至起降区上空悬停至少 2 s,垂直匀速下降着陆于起降区。飞行动作要求如下:

A.无人机在 2 m 高度悬停 2 s 以上;

B.无人机悬停或位移过程中不应出现方位和高度变化;

C.无人机不能粗暴着陆或未落在起降区内。

(2)多旋翼无人机飞行技巧。由于多旋翼的构造是四、六或八轴的对称结构,所以在空中容易发生无法辨识飞行姿态的状况。一旦头尾辨识错误,就会造成所谓的反舵现象,遥控器向左打舵飞机却向右飞,这种状况在修复飞行姿态时是非常危险的,容易造成侧翻。可以在飞行器上安装辨识标识,以便轻松辨识头尾方向。如用颜色和 LED 灯来标识出不同方向的机臂或起落架,就可以在飞行过程中轻松辨识飞行姿态,从而准确控制飞行器;在飞得很高而没办法看清飞行姿态时,也可以借助图传回传的视频信号辨识周围的标志性参照物,冷静判断飞行器的正确姿态。

1)初期练习时动作应尽量柔和与缓慢,打错动作勿慌乱,随即往反方向修正即可,切勿将动作打太大,反而造成一直修正的恶性循环。

2)油门的控制将会影响飞机动作大小,飞得越慢打动作反应越慢,飞得越快打相同动作反应会变得越快,所以当动作无法控制时请确认油门位置,适当地降低油门大小。

3)确认飞机状况:飞行之前,都必须先确认各动作正反向与动作量是否正确后,再开始进行,确保机体安全与人员安全。

4)飞行时须在风头(逆风上风处)飞行,切勿在风尾飞行,如果迷向或是失误会造成飞机越来越远。

5.3　常规旋翼无人机的训练

在常规旋翼无人机中,主旋翼就是一个大陀螺,它本身具有陀螺效应。当改变主旋翼倾角时,直升机的运动状态就会发生改变。希拉小翼由于空气和离心力作用,和主旋翼平面平行。此时两片主旋翼升力相等,飞行状态不发生变化,如图 5-3-1、图 5-3-2 所示。

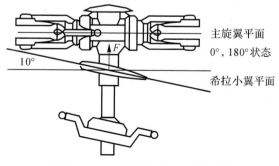

图 5-3-1　希拉角 0°,180°状态图

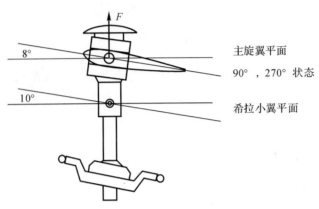

图 5-3-2　希拉角 90°,270°状态图

图 5-3-1 和图 5-3-2 为同一个视角,主旋翼转动到不同角度时的状态。在图 5-3-1 中,操纵者将十字盘倾斜,希拉小翼就与空气呈 10°倾角。由于空气的作用,希拉小翼在图 5-3-1 位置受力。由于陀螺效应,希拉小翼不会在图 5-3-1 位置立即上抬,而是在转过 90°后在图 5-3-2 位置上抬。于是希拉小翼旋转平面与主旋翼平面呈 10°夹角并稳定于此。

在图中可以清晰地看到,希拉小翼通过连杆控制着主旋翼的倾角,所以希拉小翼旋转平面的改变导致主旋翼与空气产生夹角。从而使主旋翼在图 5-3-2 位置受力。由于陀螺效应,主旋翼不会在图 5-3-2 位置立即上抬,而是在转过 90°后在图 5-3-1 位置上抬。从而使得主旋翼平面趋于平行于希拉小翼。

常规旋翼无人机的倾转总是希拉小翼旋转平面先倾转,主旋翼平面跟上趋于平行的过程。在这一过程中主旋翼操纵的负荷被希拉小翼完全承担,舵机只需承担操纵希拉小翼的负荷。这就有效地化解了一般操纵方式舵机负荷过重的问题。

(1)常规旋翼无人机飞行动作训练:起飞/悬停、四位悬停和水平移位,如图 5-3-3 所示。具体动作描述如下。

1)起飞/悬停。机头向前于起降区起飞,垂直匀速上升至 2 m 高度悬停不少于 4 s,常规旋翼无人机垂直匀速下降着陆于起降区。飞行动作要求如下:

A.无人机在 2 m 高度悬停 4 s 以上;

B.悬停过程中不应出现位移和高度变化;

C.不能出现粗暴着陆或未落在起降区内。

2)四位悬停。机头向前于起降区起飞,垂直匀速上升至 2 m 高度悬停 2 s,机头向任意方向依次作 4 个 90°缓慢自转并在每个 90°位置悬停 2 s 以上,垂直匀速下降着陆于起降区。飞行动作要求如下:

A.每位悬停 2 s 以上;

B.自转应是 90°;

C.悬停自转过程中不应出现位移和高度变化;

D.不能出现粗暴着陆或未落在起降区内。

3)水平移位。机头向前于起降区起飞,垂直匀速上升至 2 m 高度悬停 2 s,向左(或向右)水平匀速移动至 1 号(或 2 号)旗上空悬停至少 2 s,反向水平匀速移动至 2 号(或 1 号)旗上空

悬停至少 2 s,反向水平匀速移动至起降区上空悬停至少 2 s,垂直匀速下降着陆于起降区。飞行动作要求如下:

    A. 在 2 m 高度悬停 2 s 以上;

    B. 悬停或位移过程中不应出现方位和高度变化;

    C. 不能出现粗暴着陆或未落在起降区内。

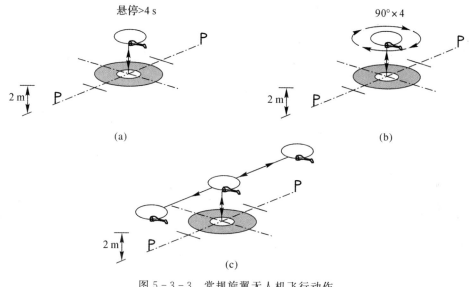

图 5 - 3 - 3 常规旋翼无人机飞行动作

(a)起飞/悬停; (b)四位悬停; (c)水平移位

    (2)常规旋翼无人机飞行技巧。练习时,始终控制飞机尾部正对着自己。无风情况下,当飞机飞离地面 0.5 m 左右即可不再动油门操纵杆,这样更易于找到操控感觉。当熟练操控到飞机出现姿态偏移就能立刻正确打舵形成条件反射时,就可以找到操控飞机的感觉。

5.4 无人机飞行特点

5.4.1 固定翼无人机飞行特点

    固定翼无人机飞行的控制通常包括方向、副翼、升降、油门和襟翼等控制舵面,通过舵机改变飞机的翼面,控制飞机完成转弯、横滚、爬升和俯冲等动作。

    固定翼无人机续航时间较长、飞行效率较高、载荷大以及飞行稳定性高,缺点是起飞时必须要助跑或者借助器械弹射,降落的时候必须要滑行或是利用降落伞降落。

    机翼产生的升力大小与翼型的形状和飞行迎角有很大的关系。在一定的角度范围内,随着迎角的增大,升力也会随之增大,但当迎角增大到一定程度时,气流就会从机翼前缘开始分离,尾部会出现很大的涡流区。这个时候,升力会突然下降,而阻力却迅速增大,这种现象称为"失速"。失速刚刚出现时的迎角叫"临界迎角"。飞机若以接近或大于临界迎角的状态飞行,会使飞机产生失速,甚至造成飞行事故。飞机以小于临界迎角的状态飞行时,升力系数会随迎角的增加几乎呈直线增长的趋势,但迎角大于临界迎角之后,升力系数则迅速下降,产生失速。

在这种迎角下，飞机开始下坠。

飞行时需注意以下事项。

(1)起飞前确认风向，所有飞机起飞均正向逆风起飞才有适当的升力，降落亦要正面逆风降落，否则容易因为风速与机速相同时升力骤降，造成失速坠毁。

(2)起飞动力要足够，风力较大时与飞行相对作用产生的升力较大，地面起飞时只需1/2油门即可浮起，风小时必须加大动力，才会有足够的升力将飞机浮起。

(3)起飞离地后飞机攻角：飞机起飞后需注意油门阀大小与飞机上升攻角的搭配(升降舵控制飞机上升的攻角)，切勿突然加大飞机上升攻角，否则易造成飞机失速，初学时尽量以小动作控制升降舵将飞机呈现稳定上升状态。

(4)起飞离地时需注意随时修正机体副翼动作，有时会因反扭力造成飞机一离地就往左侧偏斜，反扭力过大时甚至可能一离地就左旋坠毁，需要适时地左右修正飞机姿态以呈现平稳的上升动作。

(5)注意高度：起飞后注意飞机高度，不能忽上忽下，应先将飞机拉高至一安全高度后再开始后续航线飞行等动作。

5.4.2　多旋翼无人机飞行特点

多旋翼无人机的优点是能够实现垂直起降，并且自身机械结构简单，无机械磨损；缺点是其续航能力及载重在三种无人机当中是最低的。多旋翼无人机在起飞时，会产生适当的晃动，正常状况下晃动不会很大。在飞行器升高后，只要不再继续晃动，就不必过多担心。起飞时应该均匀推油门，适当修正飞行姿态，尽快升高飞行器至气流稳定的飞行高度。

陀螺仪对微小的转动非常敏感，所以它对飞行器飞行姿态的控制起着重要的作用，无人机有陀螺仪就能自动修正。简单地说陀螺仪可帮助无人机保持稳定姿态，所以多旋翼无人机靠陀螺仪保证飞行稳定。没有陀螺仪，多旋翼无人机的螺旋桨产生的动力就可能会出现差别，造成侧翻。三轴加速计用来分析陀螺仪的信号，通过旋转角度分析多旋翼无人机此时的飞行姿态，当操纵杆回位后，多旋翼无人机自动恢复水平。

5.4.3　常规旋翼无人机飞行特点

传统直升机形式的无人机通过控制直升机的倾斜盘、油门和尾舵等，控制飞机转弯、爬升、俯冲和滚转等动作。

常规旋翼无人机的自稳定性是不能与固定翼无人机相比的。除了共轴双桨结构的无人机之外，还没有任何一款常规旋翼无人机可以做到不控制状态下能够较长时间稳定在空中(一般在 10～20 s 之内就会失去平衡而坠地)，所以操控时必须时刻保持精神高度集中。

飞机机身及主旋翼平面由于干扰会失去平衡位置。但由于希拉小翼采用对称翼型，不会受到外界干扰。由于陀螺效应的定轴性，希拉小翼平面保持不变。所以此时主旋翼平面由于与希拉小翼平面有夹角而产生恢复力矩，抵抗外界干扰。这就是贝尔-希拉控制方式的自稳定过程。值得注意的是，贝尔-希拉自稳定过程不能抑制过强的干扰，原因是希拉小翼旋转平面保持原来运动状态的同时，由于机身的倾斜，小翼与空气平面会产生夹角，从而破坏小翼原来的运动状态。

由于 β 角的存在，希拉小翼旋转平面会向主旋翼旋转平面方向旋转，最后趋于平行。所以贝尔-希拉的自稳定过程是有限的(比如使希拉小翼不太灵敏),还需要其他手段来增加稳定性。

当常规旋翼无人机接近地面时会产生地面效应,无人机离地滞空时,旋翼把空气向下压,因此旋翼和地面之间的空气密度变大,形成气垫效果,浮力会变强,离地越近,效果越佳,但是因为空气被压缩,无处逸散而产生乱流,导致停悬得不稳定,所以在接近地面时会呈现不稳定现象而比较难控制,产生这种气垫效果的高度大约是旋翼面直径的一半左右。高速转动的主旋翼,有一定的速度和质量,除了会产生陀螺效应外,更有反扭力的产生,尾旋翼主要的功用就是平衡反扭力使机身不自转,但现在的旋翼无人机均采用可变攻角形态,油门的加减、攻角的变化等因素使得反扭力千变万化,尾旋翼产生的平衡力也要随着快速变化,以保持机身的稳定,现在的常规旋翼无人机采用各种的措施来平衡瞬息万变的反扭力。

5.4.4　飞行注意事项

1. 飞行前注意事项以及检查

(1)飞行前进行全面的设备检查。

(2)确保电池电量充足。

(3)飞行前应从地图上对飞行区地形地势进行初步了解,选择一个开阔无遮挡的场地进行飞行。请勿超过安全飞行高度(相对高度 120 m)。

(4)飞机要在视线范围内飞行,时刻保持对飞机的控制。

(5)在 GPS 信号良好的情况下飞行。

(6)对飞机的检查:部件的衔接是否牢靠(检查螺旋桨和电机是否安装正确和稳固,并确认正旋和反旋螺旋桨安装位置正确。检测时切勿贴近或接触旋转中的电机或螺旋桨,避免被螺旋桨割伤),布线是否安全,机载设备是否工作正常(遥控器、电池以及所有部件供电量充足);对遥控器的检查:检查遥控器操控模式(美国手、日本手和中国手等)、信号连接情况、电量是否充足、各键位是否复位以及天线位置等。

(7)对地面的检查:地面通信、操作系统(地面站)工作是否正常。

(8)对环境的检查:周围环境是否适合作业〔恶劣天气下请勿飞行,如大风(风速五级及以上)、下雪、下雨或有雾天气等〕及起降场地是否合理(选择开阔、周围无高大建筑物的场所作为飞行场地。大量使用钢筋的建筑物会影响指南针工作,而且会遮挡 GPS 信号,导致无人机定位效果变差甚至无法定位),确认空域申报。

2. 飞行中的注意事项

(1)手动飞行应时刻清楚无人机的姿态、飞行时间和无人机位置等重要信息。

(2)确保无人机和人员处于安全距离。

(3)确保无人机有足够的电量能够安全返航。

(4)若进行超视距飞行,应密切监视地面站中显示的无人机姿态、高度、速度、电池电压和 GPS 卫星数量等重要信息。

(5)若无人机发生较大故障不可避免地发生坠机可能时,要首先确保人员安全。

(6)条件允许的情况下操控人员应在上风处操作飞机,条件允许的情况下操控人员应背对阳光操作飞机。

(7)严禁温度过高的情况下连续飞行。

(8)自主飞行时,地面站人员链路观察,地面站观察;地勤手观察飞机姿态;飞手随时拿遥控器,遇到突发情况,能及时进行手动控制。

3.飞行后的注意事项以及检查

(1)无人机飞行结束降落后,确保遥控器已加锁,然后切断飞机电源,再切断遥控器电源,然后关闭其他各类电子设备电源。

(2)整理飞行的各种信息,方便下次飞行。

(3)将电池电压控制在保存电压,否则会对电池的使用寿命产生影响。

(4)对飞机进行整体的检查。

(5)对飞机搭载的各种电子设备进行检查。

(6)部分设备或者部件需要拆下单独保存。

(7)油机在飞完后,需要把油抽空。

(8)对飞机及其设备进行保养,如果长时间不使用,需要定期地保养。

5.4.5 安全飞行原则

军事管制区不飞;机场净空区不飞;雷达站附近不飞;人员稠密区不飞;涉密敏感区不飞;高压线附近不飞;高层建筑密集区不飞;设备故障不飞;陌生环境不飞;复杂气象条件不飞;涉及易燃易爆危险化学品区不飞,如图5-4-1所示。

图5-4-1 安全飞行原则

章 节 小 结

本章通过简单地介绍飞行的两种模式,让操控员对无人机飞行得到进一步了解。又通过对场地、环境和飞行速度等要求选择合适的无人机来介绍三种无人机的飞行特点。无人机还需要进行对设备的保养和维护、飞行前的检查、飞行时注意的安全事项、飞行后的注意事项以及检查。

习　　题

1. 无人机的手动飞行与自动飞行通过什么控制飞机的？
2. 手动飞行中列举了几种无人机？并写出它们的飞行考核。
3. 简述三种无人机的飞行操控特点。
4. 飞行前需要做的检查有哪些？
5. 如何进行电池的保养？
6. 简述飞行中的注意事项。
7. 简述飞行后的注意事项。
8. 安全飞行原则有哪些？

第6章 无人机任务规划

内容提示

任务规划是无人机使用过程中的必要和关键环节。本章将介绍任务规划的主要技术方法，如任务分配、航线规划等。

教学要求

(1)了解任务规划的定义；

(2)了解任务规划的组成；

(3)了解任务规划的重要性；

(4)掌握航线规划要领。

内容框架

6.1 无人机任务规划定义

6.1.1 任务规划的定义

任务规划(Mission Planning,MP)，其本意是对任务进行规划，即对工作实施过程、方法的组织和计划。这里的"任务"可以指任何工作，是规划的对象。"规划"一词至少包含三层意思，一是具有整体性、全局性的思考和考量；二是以准确的数据为基础，运用科学的方法进行从整体到细节的设计；三是在实际行动实施之前进行的，其目的是要将规划结果作为实际行动的具体指导。

在军事领域，任务规划已逐渐演变为一个专有名词，尤其是无人化装备的出现，使得任务规划越来越重要，而且其含义也越来越明确。对某个具体装备而言，任务规划即指"装备作战任务规划"，是指运用任务规划系统对装备完成特定作战任务而进行的运行设置和统筹管理。相应地，装备作战任务规划也具有下述三个特点：

(1)单一装备只是体系作战的一个节点，是作战体系的组成部分之一，其任务规划须符合整体作战规划的任务要求，因此，制作规划时需要具有整体性、全局性的眼光。

(2)高技术装备的作战过程是复杂的，对作战过程的规划需要定量分析和准确的数据支持，并且充分体现装备使用的战术战法，因此任务规划需要战术与技术的有效结合。

(3)装备作战规划的结果是装备作战行动的实施依据，对有人化装备而言，规划结果主要作为人员决策的参考，但对无人化装备而言，规划即控制，任务规划是装备运行过程中唯一且严格的执行依据,因此,任务规划的输出信息必须满足准确性、完整性和一致性的要求。

任务规划是装备信息化、无人智能化发展的必然要求。装备的信息化特点提出了任务规划需求。装备信息化,是以信息技术改造现有装备,或发展具有信息化能力的新型武器装备的过程。装备信息化的内涵是装备具有较强的信息获取能力、处理能力和交互能力。任务规划是通过专门的软件系统对装备作战过程进行预先筹划,如果装备本身不具备信息感知和处理能力,规划结果就难以成为装备实际作战运行的有效依据。装备的信息化特点使得信息成为装备作战的核心要素,任务规划切合了装备作战的信息化需求。

装备的无人智能化特点使任务规划成为必要条件。无人化是装备未来发展的重要趋势之一,但无人化是相对的,而不是绝对的,无人只是人与装备物理上的分离,在装备的自主智能尚未达到一定程度的前提下,其作战过程依然离不开人,只是人参与作战的形式发生了变化。就无人机而言,缺少了人在机上的实时决策,就必须将其所有作战行为预先规划好,这个工作对无人机而言是必不可少的。虽然有人机也有任务规划,但规划的结果只是给飞行员作为参考,而无人机没有规划就无法执行作战任务,因此,任务规划是无人机作战的必要条件。

任务规划是精确作战、协同作战的必然要求。高度精确、密切协同是信息化作战的重要特点之一,这种精确和协同如何实现,完全取决于任务规划。战场的广域性、作战过程的复杂性以及战场态势的动态性使得完全依靠人的实时判断难以达到精确协同的要求,任务规划就是对装备作战方式、作战行为进行全过程的规划和控制,是实现精确作战、协同作战的必然要求。

任务规划固然重要,但并不能认为有了任务规划就可以降低对作战人员的能力素质要求。战争中的主体仍然是人,任务规划系统只是将人的作战思想、作战理念赋予装备的工具和手段。因此对于指挥员而言,了解掌握任务规划系统的运用是必不可少的,但同样重要的是研究装备的使用、研究战术战法,从而通过任务规划系统告诉装备怎样按照自己的意志行动。

6.1.2　任务规划的内容

无人机任务规划是根据无人机所需要完成的任务、无人机的数量及任务载荷的不同,对无人机完成具体作战任务的预先设定与统筹管理。

1. 任务规划的功能

任务规划的主要目标是依据地形信息和执行任务环境条件信息,综合考虑无人机的性能、到达时间、耗能、威胁以及飞行区域等约束条件,为无人机规划出一条或多条自出发点到目标点的最优或次优航迹,保证无人机高效、圆满地完成飞行任务,并安全返回基地。无人机任务规划的主要功能是由于无人机对任务规划的要求,需要更为详细的飞行航迹信息、作用目标和任务执行信息。无人机任务规划是实现自主导航与飞行控制的有效途径,它在很大程度上决定了无人机执行任务的效率。无人机任务规划需要实现以下功能:

(1)任务分配功能。

1)航迹规划功能;

2)仿真演示功能。

(2)无人机任务规划需要考虑以下因素:

1)飞行环境限制;

2)物理限制;

3)飞行任务要求;

4)实时性要求。

2.任务规划的划分及特点

从实施时间上划分,任务规划可以分为预先规划和实时规划。就任务规划系统具备的功能而言,任务规划可包含航迹规划、任务载荷分配规划、数据链路规划和系统保障与应急预案规划等,其中航迹规划是任务规划的主体和核心。

无人机航迹规划是任务规划的核心内容,需要综合应用导航技术、地理信息技术以及远程感知技术,以获得全面详细的无人机飞行现状及环境信息,结合无人机自身技术指标特点,按照一定的航线规划方法,制定最优或次优路径。因此,航迹规划需要充分考虑电子地图的选取、标绘,航线预先规划以及在线调整时机。

航线规划一般分两步:首先是飞行前预规划,即根据既定任务,结合环境限制与飞行约束条件,从整体上制定最优参考路径并装订特殊任务;其次是飞行过程中的重规划,即根据飞行过程中遇到的突发状况,如地形、气象变化或未知限飞禁飞因素等,局部动态地调整飞行路径或改变动作任务。

任务载荷分配规划是根据作战任务和情报信息,合理配置无人机载荷资源,确定载荷设备的工作模式。数据链路规划是根据频率管控要求及战场电磁环境特点,制定不同飞行阶段测控链路的使用策略规划,包括视距或卫通链路的选择、链路工作频段、频点、使用区域、使用时段、功率控制以及控制权交接等。系统保障是数据生成加载能够将航路规划、载荷规划、链路规划和应急处置规划等内容和结果自动生成任务加载数据,并通过数据加载或无线链路加载到无人机相关的功能系统中。应急处置规划是规划不同任务阶段时的突发情况处置,针对性规划应急航路、返航航路、备降机场及链路问题应急处置等内容。

任务规划时还要考虑异常应急措施,其主要目的是确保飞机安全返航,规划一条安全返航通道和应急迫降点,以及航线转移策略(从航线上的任意点转入安全返航通道或从安全返航通道转向应急迫降点或机场)。

无人机任务规划的特点主要有任务规划输出信息的准确性、完整性和一致性。无人机起飞、飞往任务点、执行任务及返航等都能实现"自主飞行",但这些都是按照任务规划信息的引导完成的,因此任务规划信息的准确性、完整性和一致性对无人机任务效果和飞行安全至关重要。另外,无人机任务规划系统应具有快速的重新规划能力。无人机执行任务的过程中,环境复杂多变,很多情况下飞行前预先规划好的航路和任务模式不得不重新进行规划,才能保证准确完成任务。所以,要求无人机任务规划系统具有快速的重新规划能力,这种能力是体现无人机系统功能的重要指标,随着智能水平的不断提高,重新规划的时间将越来越短,效果越来越好。还有无人机任务规划的人员需要同时具备战术和技术素养,无人机任务规划的实现体现了其作战过程的"两个载体""两个约束"。首先,任务规划是作战任务的载体,是将具体作战任务和要求以信息化的方法转换为无人机可识别的数据结构;其次,任务规划是无人机战术战法的载体,是将指挥员的战术思想、作战方法赋给无人机的过程;最后,无人机任务规划应与其他航空器任务规划系统发展一致,协同作战需要无人机任务规划系统具有一定的通用性和一致性。

3.任务规划的电子地图

无人飞行器在制导、定位、侦察、导航和链路规划等环节中都离不开数字地图的支持。当无人机需要进行任务的在线自主重规划时,也离不开机载数字地图的支持。可见,数字地图在任务规划的各个环节中都起到至关重要的作用。

（1）导航地图的使用。无人机在执行任务时需使用地图,地图需包含任务区域,任务区域的地图一般应具有多种比例尺,条件具备的情况下最好能使用 1∶50 000 地图。使用 1∶50 000 地图主要考虑起飞和回收阶段对无人机的精细控制,尤其是回收阶段,若无人机采取的是伞降回收模式,对回收场地有严格的范围要求和质地要求,符合回收条件的场地较少,因此,一旦选定回收场地,应尽可能控制无人机进入预定的回收范围,这就要求对回收场地进行精细测定,误差一般在 10 m 以内,使用 1∶50 000 地图有助于对回收场地的精确测定以及对无人机回收航线的精确控制,确保回收工作安全可靠。任务区域使用 1∶50 000 地图主要考虑对目标的精确定位、识别以及无人机的精确控制。1∶50 000 地图所包含的地理信息丰富,便于对环境的勘测,准确的环境勘测有助于对阵地配置的判断及精确定位;任务执行过程中准确发现、识别和跟踪目标的另一个要求是无人机飞行控制人员与任务设备操纵人员的密切配合,无人机准确的飞行路线和调整过程至关重要,使用小比例尺地图有助于该项工作的进行。

（2）地图制作与导入。无人机主要使用两种地图,一种是纸质地图,一种是电子地图。电子地图一般根据作战任务需要向上级申请,申请得到的电子地图可直接安装于无人机控制站;纸质地图也主要通过向上级申请获得,获取的纸质地图需经过扫描、校正和编辑等处理形成可供控制站使用的地图格式,其制作过程参考装备使用维护手册进行。

（3）地图标注。地图经制作导入以后,在进行航线编辑之前,应对地图进行适当的标注。地图标注主要包含以下三方面。

1）场地标注。场地标注主要包括起降场地标注和备用场地标注。场地标注中最为重要的是主回收场地标注,一般由测地分队通过现场勘测获取回收场地至少四个点的经纬度坐标,各个控制站获取该坐标信息以后,在导航地图上绘制出回收场地(封闭的多边形,供飞行控制人员回收过程参考使用)。备用场地的标注与主回收场地标注方式相同,当备用场地选择在目标区附近,无法进行现地勘测时,一般直接利用地图获取该区域的大致坐标进行标注。

2）警示标注。警示标注主要用于飞行区域内重要目标的标注,包括起降场地附近可能影响飞行的高点、火力控制范围、1S 道高点及散布范围、重要的工业设施聚集地、重要的武器装备分布区域以及人口稠密地带等。

3）任务区域标注。无人机的侦察区域应进行预先标注,包括任务区域的范围、任务区域内的重要侦察目标、任务区域内可能的火力控制范围以及任务区域内无人机的待机地域等。

4. 任务分配

一般地,任务分配是无人机任务规划和作战使用过程中需考虑的重点问题之一。任务分配的作用在于建立无人机与作战任务之间的某种关联和映射关系,从而使整体作战性能在一定指标函数下达到最优化水平。这种关联关系包括多任务条件下的任务时序关系、无人机与目标之间的任务映射关系、多无人机与多目标之间的兵力调配关系等,不同的作战使用要求会提出相应的任务分配需求。本节主要针对无人机作战使用中的几种典型任务分配问题,给出了运用运筹学中的相关优化无人机进行建模求解的方法,所述方法具有一定的通用性。最后,对目前国内外正在开展研究的其他任务分配无人机和相关优化算法也进行了简要介绍。

无人机任务分配有多种分类方式,按照无人机作战任务之间的相关联性,可归类为协同任务分配和独立任务分配;按照无人机作战任务所处的环境,又可归类为静态任务分配和动态任务分配。以下分别从集中式任务分配、分布式任务分配和分层次分布式任务分配三种分类方式论述无人机任务分配问题的研究现状。

任务分配的类型有如下几种：

(1)集中式任务分配方法。集中式控制系统就是编队中的无人机之间的通信、信号的传输和控制均由唯一的一个控制中心来进行。

集中式求解方法还能够进一步分为最优化方法和启发式方法，其中最优化方法包括穷举法(宽度优先或深度优先)、整数规划、约束规划和图论方法等。如果问题有解，基于某些假设的基础上，最优化方法可以确保给出问题的最优解。但是，因为任务分配及协同规划问题的NP特性，问题规模越大，最优化方法的求解难度越大，时间耗费也越长。不同的是，启发式方法的目的是在可接受的时间范围之内计算出问题的满意解，它在计算时间和解质量之间进行折中，而不强求问题的最优解。启发式方法又能够进一步分为传统启发式算法和智能优化算法。

(2)分布式任务分配方法。分布式控制系统与集中式控制系统不同的是实现信号传输的方式，前者无人机还可以在编队内进行通信，具有更好的灵活性。分布式控制系统结构相比集中式控制系统结构来说对无人机的要求更高，需要无人机具备独立计算、分析与决策等能力。基于分布式控制系统结构的任务分配方法主要有基于合同网市场竞拍机制的方法、分布式无人机预测控制方法、基于蚁群算法的多无人机任务分配方法和基于粒子群优化算法的多无人机任务分配方法等。

(3)分层次分布式任务分配方法。分层次分布式控制系统同时具有集中式和分布式控制系统结构双方的优点，是一种混合的控制系统结构。它是将所有的无人机根据一定的规则进行分层和归类，先根据类别分组，同一层次的无人机类和同一组内的无人机选择集中式控制系统结构，不同的组和控制中心则选择分布式控制系统结构。这种控制系统结构在无人机执行作战任务时，具有很大的灵活性，可以自主根据真实状况调节与控制中心之间信息的交流量，一定程度上减少了计算时间，同时还可以根据实际战场情况适时地调整任务分配策略，更加满足实际战场的要求。

6.2 飞行任务规划

6.2.1 航线规划

航线规划最早是在有人驾驶飞机的领航行为中出现的，它所规划的一般只是有限的航路点连接而成的粗糙直线，它的目的比较简单，主要是建立一条便于飞机飞行的和使飞机能够顺利抵达目的地的飞行路线。

20世纪80年代以来，随着电子计算机、卫星、雷达、自动飞行控制、通信技术和其他信息系统等科学技术的迅速发展，导航和指挥引导设备的自动化程度越来越高，飞机从起飞到着陆全过程的飞行路线，都可以实现计算机控制和处理，能够更加准确地实施空中领航和地面引导，这对航线规划也提出了精细化要求。尤其对于军用飞行器来说，由于其所处作战环境的对抗性和复杂性，人工规划的粗糙航线已难达到有效突防的目的，同时随着传感器技术和信息技术的飞速发展，航线规划人员获得的信息也越来越多，通过人工规划方法已经越来越难以负荷越来越大的信息分析处理工作量。例如，通过卫星、无人机等侦察手段可以得到敌方防空阵地的精确信息，如位置、类型和火力圈范围等；通过数字地形图可以获得相关地区地形信息，如高山、峡谷和平原等。为了最大限度减小飞行器被敌方雷达发现的概率，航线规划通常必须为飞行器规划出低空地形跟随、地形回避和威胁回避的精细航线,同时又要满足飞行器自身性能等约束要求。这其中涉及因素太多,信息处理工作量巨大,各种因素之间需要进行仔细权衡和科学计算,依靠传统的人工规划方式越发难以完成如此复杂的任务,尤其是对于面向突发任务时的实时空中领航和飞行引导来说,依靠人工规划很难给出一条精确、可靠的航线。

因此,20 世纪 80 年代以来,世界各国都投入了大量的人力、物力进行自动化航线规划技术的研究,并取得了一定成果。航线规划技术正是在 20 世纪 80 年代以来在计算机技术、信息技术和人工智能技术等的驱动之下得到了迅速发展,成为任务规划系统中的核心引擎,可以说航线规划引擎是否强大直接决定着任务规划系统的先进性。当前,飞行器的先进航线规划能力建立在任务规划系统的两个基础能力之上,即:处理并显示包含地形地理信息的各种矢量地图、像素地图、遥感影像和高程数据,建立航线规划地理空间无人机的能力;处理并显示雷达探测、防空威胁、气流气象威胁、电磁干扰和禁飞区等威胁信息的能力,建立威胁空间无人机航线规划的能力。一旦具备这两大能力,任务规划系统就可以按以下步骤进行航线规划。

(1)根据起始点、任务区域、地理空间无人机和威胁空间无人机建立战场空间无人机,确定航线规划的规划空间(也称为配置空间)。

(2)根据任务约束、飞行器平台的物理性能以及链路和载荷的性能限制,确定航线规划的约束条件和空间无人机。

(3)采用合适的搜索算法在航线规划空间寻找满足约束条件的最优或可行航线,结果航线可能不存在,也可能存在一条或多条。

(4)对搜索得到的航线进行平滑和评估处理,必要时对规划空间无人机、约束条件或搜索算法进行调整改进。

(5)输出相应的航线规划结果数据,在其基础之上附加必要的载荷规划数据或其他控制数据,完成以航线规划数据为核心的完整任务规划数据生成过程。

在实际操作中,要分析具体实际情况,具备灵活及时的航线重新规划能力。任务级和战术级是无人机航线规划的两个级别。两者的最大区别就是任务级是飞行之前就规划好的,具有参考价值,而后者则是飞行过程中的,会不断地发生变化,具有实用性。目前无人机所要执行任务越来越复杂,环境的不确定性,对航线规划的要求也将越来越高。不确定环境下的实时航线规划将是未来的研究重点,首要解决弱实时的航线规划,其次要解决战术级的强实时的航线规划问题。一种方法无法满足未来先进的任务规划系统,其航线规划系统应该具备规划空间规模更大、规划速度更快、规划航线效能更优、更适应动态战场环境、自主化和智能化程度更高、规划结果更加精细和优化以及便于实现多机协同航线规划等特点。并且要多设计几条航线规划,择优选择。

6.2.2　动作设定

1.航线及动作设定

(1)设置 Home Position:对于 Copter,Home Position 就是飞控板上电的位置,这意味着如果执行 RTL 模式,将自动返航到 Home Position。对于固定翼飞机,Home Position 是 GPS 第一次锁定的位置。

(2)任务简述:Copter 任务,自动起飞到 20 m 高度,然后飞行到 WP2 点,爬升到 100 m 高,然后等待 10 s,然后飞行器将处理 WP3,下降到 50 m,然后返航降落。因为缺省的高度是

100 m,因此返航着陆高度也是 100 m。当到达着陆地点后,飞机降落。任务假设着陆地点在起飞点,如图 6-2-1 所示。

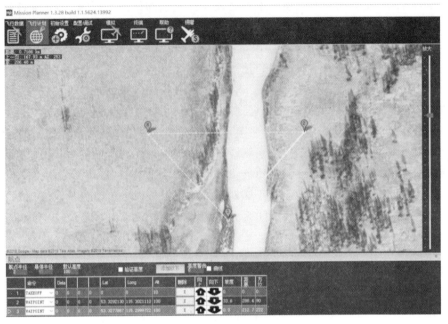

图 6-2-1　设置航线

(3)在航点设置画面的下方,有详细的航点规划及动作,可通过下拉菜单改变航点动作,通过地图鼠标拖拉改变航点位置。

(4)缺省参数设置:Default Alt,缺省的飞行,RTL 模式时,有自己的高度,如果 Hold Default ALT 选定后,RTL 将按高度飞行;Verify Alt,与地图数据匹配,检查高度数据,已反应距地高度,进行地形匹配或避免撞地。

(5)通过右侧按钮可以保存航行任务,加载航行任务,方便重复执行任务,如图 6-2-2 所示。

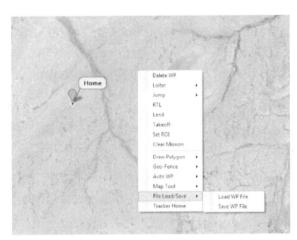

图 6-2-2　加载任务

（6）Prefetch：提前下载地图数据到地面站，避免在野外无网络，无法连接地图数据。点击 Prefetch 按钮后，按下 alt 键，用鼠标拖动的矩形区域下载选择的位置图片。

（7）Grid：鼠标右键菜单，通过点击增加顶点的方式绘制一个多边形，然后点击 Grid 菜单，自动绘制一个网格状的航点轨迹，然后再定义在每个航点的动作。

（8）设置 Home Location 菜单，通过鼠标可以任意设置 Home Position。

（9）通过 Measure Distance 按钮，测量航点之间的距离。

（10）Auto grid：Auto grid 功能可以生成"割草机"轨迹，以收集当地的图片。在地图上选择鼠标右键，选择多边形绘制需要的区域，选择 auto WP—Grid 菜单，按照对话框自动处理高度和距离，将自动生成如下网格航点，如图 6-2-3 所示。

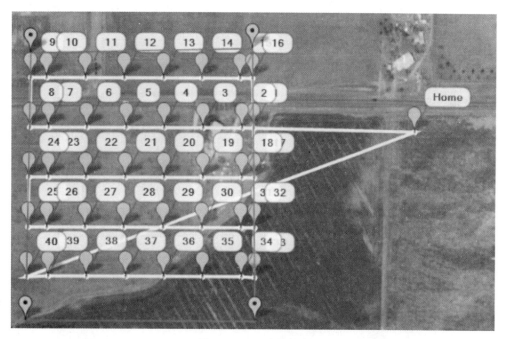

图 6-2-3　确认航点

（11）任务指令：在地图的下方有表格的列表，将按当前飞行器类型产生指令列表，并增加一列，航向参数需要用户提供。这些指令包括导航到航点、临近盘旋、执行特殊动作（如拍照等）和条件指令。全部的指令在 Mavlink Mission Command Messages 定义，如图 6-2-4 所示。

图 6-2-4　设置任务指令

2.相机控制与自动操作

（1）相机快门和云台指令 3 个通道；

（2）在飞行器移动的间隔时间或指定的航点上执行快门动作，如果相机安装在云台上，还可以控制云台的指向；

（3）对于简单的应用，可以手动控制航点和快门指令，对于复杂的测绘任务，自动生成任意区域的指令任务；

（4）云台指令：DO_SET_ROI，云台指向指定区域，DO_MOUNT_CONTROL，云台控制到 roll，pitch，yaw 方向；

（5）伺服指令：DO_SET_SERVO，DO_SET_RELAY，给指定的驱动信号；

（6）自动任务举例 1：在飞行规划画面，创建多点区域；在区域内，鼠标右键点击菜单 Auto WP|Survey(Grid)，如图 6-2-5 所示。

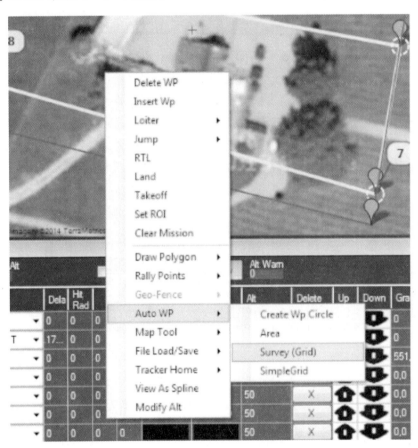

图 6-2-5　创建多点区域

Mission Planner 将自动显示配置画面，画面上定义了相机参数，并自动计算拍照距离，即 DO_SET_CAM_TRIGG_DIST 命令参数，如图 6-2-6 所示。

当点击"Accept"按钮后，接受这些参数，Mission Planner 将生成一系列航点覆盖指定区域，包括起飞和着陆航点，调用 DO_SET_CAM_TRIGG_DIST 指令，用于设置相机快门指令的距离，之后再次调用 DO_SET_CAM_TRIGG_DIST 来设置参数回 0，停止拍照。最后，执行任务后，会得到 15 张图片，如图 6-2-7 所示。

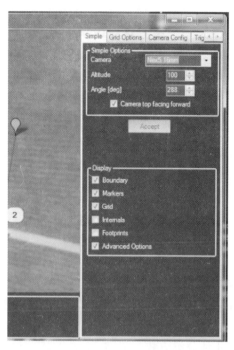

图 6 - 2 - 6　定义参数

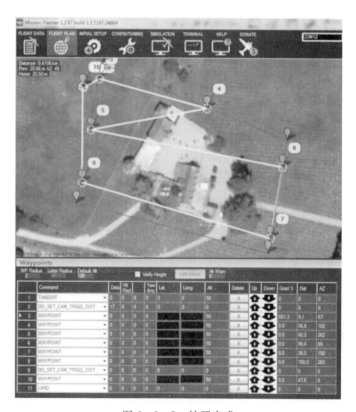

图 6 - 2 - 7　拍照完成

章 节 小 结

本章介绍了无人机任务规划的一些内容及问题。首先,介绍了任务规划的定义,从军事领域上介绍了任务规划的发展方向,以及任务规划是装备信息化无人机发展的必然条件,任务规划也是精确作战、协同作战的必然要求。还有无人机任务规划的功能、划分和特点等。任务规划的主要目标是依据一些外界因素和本身因素圆满完成飞行任务,并安全返回基地。从实施的时间上来划分,任务规划可分为预先规划和实时规划。其次,还介绍了无人机电子规划的电子地图。最后,从航线规划及动作设定两方面的一些操作步骤介绍了飞行任务规划。

习 题

1.什么是任务规划?

2.简述任务规划的内容。

3.简述任务规划的划分。

4.简述无人机任务规划的特点。

5.无人机任务分配有哪几种分类方式?

6.任务分配有哪几种类型?

7.简述任务规划系统进行航路规划的步骤。

8.简述航线规划及动作。

第7章 空域法规及无人机飞行报备

内容提示

从空防安全上讲,民用无人驾驶飞行器飞行高度相对比较低、体积小以及飞行速度相对较慢,操控手及机务人员学习低空空域管理与法规对于低、慢和小飞行目标的探测、识别以及防御起关键作用。

教学要求

(1)了解国家现行的空域法规;

(2)掌握飞行报备流程;

(3)了解现有的飞行执照。

内容框架

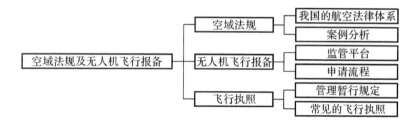

7.1 空 域 法 规

1.我国的航空法律体系

我国民用航空法律体系主要是由航空法典,国务院有关民用航空的行政法规,民用航空规章,关于航空法的立法、司法和行政解释和其他民用航空规范性文件等构成。目的是为加强民用无人驾驶航空器(以下简称民用无人机)的管理。本管理规定适用于在中华人民共和国境内最大起飞重量为 250 g 以上(含 250 g)的民用无人机。

近年来,我国出台了一系列通用航空市场运行标准以及外商投资通用航空业等方面的法规、规章,初步建立了较为完善的通用航空法规体系。我国现行的通用航空法规体系包括法律、法规、规章和标准等(见表 7-1-1)。

表 7-1-1 我国现行航空法规

序 号	名 称	实施时间	颁布机构	主要内容
1	《中华人民共和国民用航空法》	1996 年 3 月	全国人大常委会	对民用航空器的国籍、权利和适航管理做出了规定。另外对航空人员、民用机场和公共航空运输等也做出了调整。是从事民用航空活动的单位和个人必须遵守的根本大法,为保障民用航空安全提供了法律基础

续表

序号	名 称	实施时间	颁布机构	主要内容
2	《中华人民共和国飞行基本规则》	2000 年 7 月	国务院、中央军委	空域通常划分为机场飞行空域、航路、航线、空中禁区、空中限制区和空中危险区等。航线分为固定航线和临时航线。临时航线通常不得与航路、固定航线交叉或者通过飞行频繁的机场上空。国家重要的政治、经济、军事目标上空,可以划设空中禁区、临时空中禁区
3	《通用航空飞行管制条例》	2003 年 5 月	国务院、中央军委	从事通用航空飞行活动的单位、个人使用机场飞行空域、航路、航线,应当按照国家有关规定向飞行管制部门提出申请,经批准后方可实施
4	《民用无人机空中交通管理办法》	2009 年 6 月	民航局	组织实施民用无人机活动的单位和个人应当按照《通用航空飞行管制条例》等规定申请划设和使用空域,接受飞行活动管理和空中交通服务,保证飞行安全。民航空管单位应当按照有关法规和本规定的要求对民用无人机飞行活动进行空中交通管理
5	《民用无人驾驶航空器系统驾驶员管理暂行规定》	2013 年 11 月	民航局	提出对无人机进行分类管理,质量小于等于 7 kg、飞行范围在目视视距内半径 500 m,相对高度低于 120 m 范围内的微型无人机,无须证照管理;指标高于上述标准的无人机以及飞入复杂空域内的,驾驶员需纳入行业协会甚至民航局的监管。同时明确了可以实施无人机系统驾驶员管理的行业协会的条件、民用航空局对驾驶员的管理要求,包括执照、熟练检查、体检合格及航空知识、飞行技能与经历、飞行技能考试等,以及无人机运行要求
6	《轻小无人机运行规定(试行)》	2015 年 12 月	民航局	把无人机按质量划分,将无人机划分为 0～1.5 kg,1.5～7 kg 两类。对民用无人机机长的职责和权限、民用无人机驾驶员资格要求及限制区域做出了规定

(1)《中华人民共和国民用航空法》。《中华人民共和国民用航空法》(以下简称《民用航空法》)是新中国第一部全面规范民用航空活动的法律,是我国民用航空发展史上的一个重要的里程碑。《民用航空法》是中国民用航空法律体系的核心,它全面规范了我国的民用航空活动。

《民用航空法》是从事民用航空活动的单位和个人都必须遵守的根本大法。其目的在于维护国家的领空主权和民用航空权利,保障民用航空活动安全和有秩序地进行,保护民用航空活动当事人各方的合法权益,促进民用航空事业的发展。

《民用航空法》由第八届全国人民代表大会常务委员会第十六次会议于 1995 年 10 月 30 日审议通过,自 1996 年 3 月 1 日开始实施。当前版本是 2017 年 11 月 4 日第十二届全国人民代表大会常务委员会第三十次会议修正的。《民用航空法》共 16 章,包括民用航空器国籍、权利、适航管理、航空人员、机场、空中航行、公共航空运输企业、公共航空运输和通用航空等内容。

(2)《民用无人驾驶航空器系统空中交通管理办法》,引文如下。

《民用无人驾驶航空器系统空中交通管理办法》

第一章　总　　则

第一条　为了加强对民用无人驾驶航空器飞行活动的管理,规范其空中交通管理工作,依据《中华人民共和国民用航空法》《中华人民共和国飞行基本规则》《通用航空飞行管制条例》和《民用航空空中交通管理规则》,制定本办法。

第二条　本办法适用于依法在航路航线、进近(终端)和机场管制地带等民用航空使用空域范围内或者对以上空域内运行存在影响的民用无人驾驶航空器系统活动的空中交通管理工作。

第三条　民航局指导监督全国民用无人驾驶航空器系统空中交通管理工作,地区管理局负责本辖区内民用无人驾驶航空器系统空中交通服务的监督和管理工作。

空管单位向其管制空域内的民用无人驾驶航空器系统提供空中交通服务。

第四条　民用无人驾驶航空器仅允许在隔离空域内飞行。

民用无人驾驶航空器在隔离空域内飞行,由组织单位和个人负责实施,并对其安全负责。多个主体同时在同一空域范围内开展民用无人驾驶航空器飞行活动的,应当明确一个活动组织者,并对隔离空域内民用无人驾驶航空器飞行活动安全负责。

第二章　评　估　管　理

第五条　在本办法第二条规定的民用航空使用空域范围内开展民用无人驾驶航空器系统飞行活动,除满足以下全部条件的情况外,应通过地区管理局评审:

(一)机场净空保护区以外;

(二)民用无人驾驶航空器最大起飞质量小于或等于 7 kg;

(三)在视距内飞行,且天气条件不影响持续可见无人驾驶航空器;

(四)在昼间飞行;

(五)飞行速度不大于 120 km/h;

(六)民用无人驾驶航空器符合适航管理相关要求;

(七)驾驶员符合相关资质要求;

(八)在进行飞行前驾驶员完成对民用无人驾驶航空器系统的检查;

(九)不得对飞行活动以外的其他方面造成影响,包括地面人员、设施、环境安全和社会治安等;

(十)运营人应确保其飞行活动持续符合以上条件。

第六条　民用无人驾驶航空器系统飞行活动需要评审时,由运营人会同空管单位提出使用空域,对空域内的运行安全进行评估并形成评估报告。

地区管理局对评估报告进行审查或评审,出具结论意见。

第七条　民用无人驾驶航空器在空域内运行应当符合国家和民航有关规定,经评估满足空域运行安全的要求。评估应当至少包括以下内容:

(一)民用无人驾驶航空器系统情况,包括民用无人驾驶航空器系统基本情况、国籍登记、适航证件(特殊适航证、标准适航证和特许飞行证等)、无线电台及使用频率情况;

(二)驾驶员、观测员的基本信息和执照情况;

(三)民用无人驾驶航空器系统运营人基本信息;

(四)民用无人驾驶航空器的飞行性能,包括:飞行速度、典型和最大爬升率、典型和最大下降率、典型和最大转弯率、其他有关性能数据（例如风、结冰、降水限制）、航空器最大续航能力、起飞和着陆要求；

（五）民用无人驾驶航空器系统活动计划，包括：飞行活动类型或目的、飞行规则（目视或仪表飞行）、操控方式（视距内或超视距，无线电视距内或超无线电视距等）、预定的飞行日期、起飞地点、降落地点、巡航速度、巡航高度、飞行路线和空域、飞行时间和次数；

（六）空管保障措施，包括：使用空域范围和时间、管制程序、间隔要求、协调通报程序、应急预案等；

（七）民用无人驾驶航空器系统的通信、导航和监视设备和能力，包括：民用无人驾驶航空器系统驾驶员与空管单位通信的设备和性能、民用无人驾驶航空器系统的指挥与控制链路及其性能参数和覆盖范围、驾驶员和观测员之间的通信设备和性能、民用无人驾驶航空器系统导航和监视设备及性能；

（八）民用无人驾驶航空器系统的感知与避让能力；

（九）民用无人驾驶航空器系统故障时的紧急程序，特别是：与空管单位的通信故障、指挥与控制链路故障、驾驶员与观测员之间的通信故障等情况；

（十）遥控站的数量和位置以及遥控站之间的移交程序；

（十一）其他有关任务、噪声、安保、业载、保险等方面的情况；

（十二）其他风险管控措施。

第八条　按照本规定第六条需要进行评估的飞行活动，其使用的民用无人驾驶航空器系统应当为遥控驾驶航空器系统，而非自主无人驾驶航空器系统。并且能够按要求设置电子围栏。

第九条　地区管理局应当组织相关部门对评估报告进行审查，对于复杂问题可以组织专家进行评审和现场演示，并将审查或评审结论反馈给运营人和有关空管单位。

第三章　空中交通服务

第十条　民用无人驾驶航空器飞行应当为其单独划设隔离空域，明确水平范围、垂直范围和使用时段。可在民航使用空域内临时为民用无人驾驶航空器划设隔离空域。

飞行密集区、人口稠密区、重点地区、繁忙机场周边空域，原则上不划设民用无人驾驶航空器飞行空域。

第十一条　隔离空域由空管单位会同运营人划设。划设隔离空域应综合考虑民用无人驾驶航空器通信导航监视能力、航空器性能、应急程序等因素，并符合下列要求：

（一）隔离空域边界原则上距其他航空器使用空域边界的水平距离不小于 10 km；

（二）隔离空域上下限距其他航空器使用空域垂直距离 8 400 m（含）以下不得小于 600 m，8 400 m 以上不得小于 1 200 m。

第十二条　民用无人驾驶航空器在隔离空域内运行时，应当符合下列要求：

（一）民用无人驾驶航空器应当遵守规定的程序和安全要求；

（二）民用无人驾驶航空器确保在所分配的隔离空域内飞行，并与水平边界保持 5 km 以上距离；

（三）防止民用无人驾驶航空器无意间从隔离空域脱离。

第十三条　为了防止民用无人驾驶航空器和其他航空器活动相互穿越隔离空域边界，提高民用无人驾驶航空器运行的安全性，需要采取下列安全措施：

（一）驾驶员应当持续监视民用无人驾驶航空器飞行；

（二）当驾驶员发现民用无人驾驶航空器脱离隔离空域时，应向相关空管单位通报；

（三）空管单位发现民用无人驾驶航空器脱离隔离空域时，应当防止与其他航空器发生冲突，通知运营人采取相关措施，并向相关管制单位通报；

（四）空管单位应当同时向民用无人驾驶航空器和隔离空域附近运行的其他航空器提供服务；

（五）在空管单位和民用无人驾驶航空器系统驾驶员之间应建立可靠的通信；

（六）空管单位应为民用无人驾驶航空器指挥与控制链路失效、民用无人驾驶航空器避让侵入的航空器等紧急事项设置相应的应急工作程序。

第十四条　针对民用无人驾驶航空器违规飞行影响日常运行的情况，空管单位应与机场、军航管制单位等建立通报协调关系，制定信息通报、评估处置和运行恢复的方案，保证安全，降低影响。

第四章　无线电管理

第十五条　民用无人驾驶航空器系统活动中使用无线电频率、无线电设备应当遵守国家无线电管理法规和规定，且不得对航空无线电频率造成有害干扰。

第十六条　未经批准，不得在民用无人驾驶航空器上发射语音广播通信信号。

第十七条　使用民用无人驾驶航空器系统应当遵守国家有关部门发布的无线电管制命令。

第五章　附　　则

第十八条　民用无人驾驶航空器系统飞行活动涉及多项评估或审批的，地区管理局应当统筹安排。

第十九条　本管理办法自下发之日起开始施行，原《民用无人机空中交通管理办法》（MD—TM—2009—002）同时废止。

第二十条　本管理办法使用的术语定义：

民用无人驾驶航空器：没有机载驾驶员操作的民用航空器。

民用无人驾驶航空器系统：指民用无人驾驶航空器及与其安全运行有关的组件，主要包括遥控站、数据链路等。

遥控驾驶航空器系统：由遥控驾驶航空器、相关的遥控站、所需的指挥与控制链路以及批准的型号设计规定的任何其他部件构成的系统。

遥控驾驶航空器：由遥控站操纵的无人驾驶航空器。遥控驾驶航空器是无人驾驶航空器的亚类。

遥控站：遥控驾驶航空器系统的组成部分，包括用于操纵遥控驾驶航空器的设备。

指挥与控制链路：遥控驾驶航空器和遥控站之间为飞行管理目的建立的数据链接。

自主无人驾驶航空器系统：不允许驾驶员介入飞行管理的无人驾驶航空器。

电子围栏：是指为防止民用无人驾驶航空器飞入或者飞出特定区域，在相应电子地理范围中画出其区域边界，并配合飞行控制系统，保障区域安全的软硬件系统。

感知与避让：观察、发现、探测交通冲突或其他危险，并采取适当行动的能力。

运营人：是指从事或拟从事航空器运营的个人、组织或者企业。

驾驶员：由运营人指派对遥控驾驶航空器的运行负有必不可少职责并在飞行期间适时操

纵无人驾驶航空器的人。

观测员:由运营人指定的训练有素的人员,通过目视观测遥控驾驶航空器协助驾驶员安全实施飞行。

隔离空域:专门分配给无人驾驶航空器系统运行的空域,通过限制其他航空器的进入以规避碰撞风险。

非隔离空域:无人驾驶航空器系统与其他有人驾驶航空器同时运行的空域。

目视视距内:驾驶员或观测员与无人驾驶航空器保持直接目视视觉接触的运行方式。直接目视视觉接触的范围为:真高 120 m 以下;距离不超过驾驶员或观测员视线范围或最大 500 m 半径的范围,两者中取较小值。

超目视视距:无人驾驶航空器在目视视距以外的运行方式。

无线电视距内:是指发射机和接收机在彼此的无线电覆盖范围之内能够直接进行通信,或者通过地面网络使远程发射机和接收机在无线电视距内,并且能在相应时间范围内完成通信传输的情况。

超无线电视距:是指发射机和接收机不在无线电视距之内的情况。因此所有卫星系统都是超无线电视距的,遥控站通过地面网络不能在相应时间范围与至少一个地面站完成通信传输的系统也都是超无线电视距的。

机场净空区:也称机场净空保护区域,是指为保护航空器起飞、飞行和降落安全,根据民用机场净空障碍物限制图要求划定的空间范围。

人口稠密区:是指城镇、村庄、繁忙道路或大型露天集会场所等区域。

重点地区:是指军事重地、核电站和行政中心等关乎国家安全的区域及周边,或地方政府临时划设的区域。

2.案例分析(河北唐山无人机黑飞事件)

2018 年 2 月 7 日,中部战区联合河北警方共同处置了一起无人机违法飞行对军、民航造成巨大损失的事件,经过调查取证,日前,涉事人员已交当地警方依法处理。2018 年 2 月 7 日下午,某技术有限公司员工唐某与北京某航空有限公司郭某等 4 人,操纵油电混合动力无人机在河北省唐山市古冶区范各庄上空约 1 000 m 高度,对矿区进行航空测绘。这 4 人不但都不具备操纵无人机资质,更严重的是没有申请空域。无人机起飞不久,中部战区及战区空军有关部门迅速通过技术手段掌握了所在空域的异常情况。雷达部队首先在唐山市正东 25 km 处发现了一批不明空情,战区联指中心命令 2 架战斗机升空查证,空中飞行员目视发现为固定翼无人机。同时,派出地面部队赴事发地域,协助地方公安部门进行处置。

正当唐某等人将无人机降落,准备逃离时。前来查证的军警联合行动分队及时赶到。因唐某等人的违法行为,当天先后有多架民航航班被迫修改航线,导致航班延误,造成了巨大经济损失。触犯了《中华人民共和国刑法》第一百一十五条第二款之规定,涉嫌过失以危险方法危害公共安全罪。

唐某等 4 人既不具备操纵无人机资质,起飞也没有申请空域。而造成的此次空情,中部战区组织战区空军、河北省军区各级指挥机构和相关部队千余人,出动多部战斗机、雷达和车辆参与处置,并导致民航多架次航班被迫修改航线。经法院审理,被告人唐某、金某某、刘某和郭某等 4 人已构成过失以危险方法危害公共安全罪,依法判处唐某等 4 被告人有期徒刑缓期执行。

7.2　无人机飞行报备

1. 监管平台

2018 年 11 月 19 日,深圳启动无人机飞行管理试点,并试运行综合监管平台。综合监管平台旨在验证由国家空管委办公室组织起草的《无人驾驶航空器飞行管理暂行条例(征求意见稿)》(以下简称《征求意见稿》),拟为全国的无人机管理提供样本依据和模式参考。这也是我国首个军方、民航和地方政府三方联通的无人机管理系统。在该系统下,据计算,申请人提交飞行计划后,最快 6 h 即可获得审批结果。从 2018 年 11 月 19 日起,无人机用户可直接登录网址进行平台注册及飞行申请。只需上传身份证照片、填写手机号即可完成注册,飞行执照编号可选填,如图 7-2-1 和图 7-2-2 所示。

图 7-2-1　用户登录界面

注册人基本信息 带*为必填项

用户类型*:	● 个人
注册手机*:	请输入注册手机号码
登录密码*:	请输入登录密码
确认密码*:	请输入密码
用户昵称*:	请输入用户昵称
随机验证码*:	请输入随机验证码
身份证号码*:	请输入身份证号码
身份证正面照*:	支持 jpg .png .jpeg .bmp格式,请选择清晰证件照后点击"上传"按钮,照片不大于
短信验证码*:	请输入短信验证码
飞行执照编号:	请填写飞行执照编号

注册　返回

图 7-2-2　基本信息界面

无人机综合监管平台由国家空域技术重点实验室负责总体架构,民航第二研究所等科研单位共同开发。该平台主要由空域管理部分、民航管理和飞行信息管理服务部分、公共安全管理部分和用户服务部分组成,如图7-2-3所示。

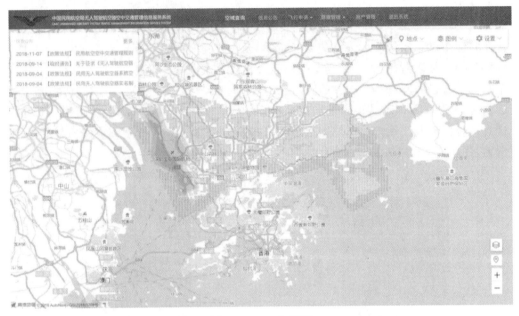

图7-2-3 空域图

这其中,空域管理由空军负责,主要实现空域划设、审批、发布,飞行计划申报与审批,飞行动态实时监控等功能,是空域管理的统一决策和实施端。据了解,这一部分系统部署在南部战区空军参谋部,与飞行信息管理系统专线相连,与军队其他系统物理隔绝,确保信息的安全绝密性。

民航管理和飞行信息管理由民航局无人驾驶航空器空中交通管理信息服务系统(简称UTMISS)承担,主要实现监视信息采集处理、民航飞行安全评估、用户信息管理、无人机信息核查和信息综合服务等功能,部署在民航中南地区管理局、空管局和民航深圳监管局、空管站。

空管信息服务系统与民航业务系统、公安业务系统等系统一起,可以向各业务系统提供无人机飞行申请信息,核查人员实名登记信息、驾驶员执照信息、无人机适航信息、无人机企业经营许可信息和无人机使用者安全信息。

用户服务端可以实现用户注册、信息查询、飞行计划申请、报送飞行动态信息和通知通告提醒等功能,是面向用户的统一窗口,部署在互联网端。公共安全管理则是由深圳市公安局建立的深穹无人机管理平台承担,主要实现公安备案、飞行实时监控和侦测反制设备联网等功能。与空军、民航相关系统实现数据交互,是无人机空地协同管理的信息化技术支撑。

深圳地区无人机飞行管理试点启动,制定了《深圳地区无人机飞行管理试点方案》并出台了《深圳地区民用无人机飞行管理实施办法(暂行)》(以下简称《暂行办法》)。其中,试运行的综合监管平台(UTMISS)旨在验证由国家空管委办公室组织起草的《征求意见稿》,拟为全国的无人机管理提供样本依据和模式参考。

2018年1月26日,国务院、中央军委空中交通管制委员会办公室组织起草《征求意见稿》

并向社会公开征求意见,其中对空域问题予以规范,这也是我国首部国家级无人机飞行管理专项法规。

《暂行办法》将机场、临时起降点围界内以及周边 3 000 m 范围的上方和国界线或者实际控制线到我方一侧 3 000 m 的范围均划为微型无人机的禁飞空域;将有人驾驶航空器和大型无人机临时起降点以及周边 3 000 m 范围的上方划为轻型无人机的适飞空域。

但国务院、中央军委空中交通管制委员会办公室组织起草的《征求意见稿》中,上述三个条款的数值均为 2 000 m。

2.申请流程

飞行报备分为两部分,分别为飞行计划申请和空域申请(见图 7 - 2 - 4)。

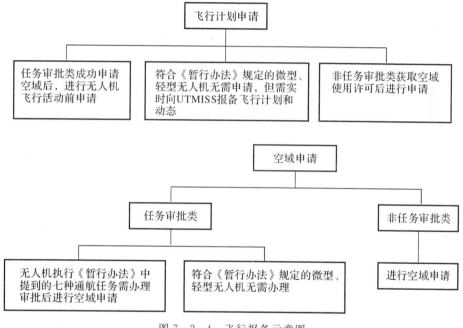

图 7 - 2 - 4　飞行报备示意图

(1)飞行计划申请。

(2)空域申请,如图 7 - 2 - 5 所示。进入空域申请页面后,会显示"全部、待审核、已通过和已拒绝"四种状态。用户可点击"提交空域申请"按钮提交申请。

图 7 - 2 - 5　空域申请

工信、公安和民航等有关部门负责对无人机生产经营企业、所有者和驾驶员从事无人机活动进行行业监管,对有违法违规行为的,列入不良记录名单并向社会公布,严格限制其从事无人机飞行活动。其中,两架及以上无人机同时飞行发生飞行安全问题的,由组织该次无人机飞行活动的单位或者个人共同承担责任。直接目视视距内与直接目视视距外飞行发生飞行安全问题的,由组织无人机直接目视视距外飞行的单位或者个人承担主要责任。组织无人机飞行活动的单位或者个人存在明显过错的除外。

无人机与有人驾驶航空器混合飞行发生飞行安全问题的,由组织无人机飞行的单位或者个人承担主要责任。有人驾驶航空器飞行活动存在明显过错的除外。

7.3 飞行执照

1.管理暂行规定

目前,无人机已经成为最热领域之一,越来越多的无人机出现在我们身边。民用无人飞行器可以依法应用于农林作业、测绘勘探、电力巡线、军事侦察、应急救灾和航拍应用等领域。然而从业人员在没有驾驶资质和未申请空域的情况下,操控无人机升空属于违法行为,要受到处罚,若造成重大事故或者严重后果,要依法追究刑事责任。

鉴于此情形,国际民航组织已经开始为无人机及其相关系统制定标准和建议措施、空中航行服务程序和指导材料的任务,因此多个国家推出了临时性管理规定。中国民用航空局也下发了《民用无人驾驶航空器系统驾驶员管理暂行规定》(AC—61—FS—2013—20),对目前出现的无人机及其系统的驾驶员实施指导性管理,并将根据其对系统的驾驶员实施指导性管理,目的是按照国际民航组织标准建立我国完善的民用无人机驾驶员监管措施。

根据《通用航空飞行管制条例》的相关规定,从事通用航空飞行活动的单位、个人,凡是未经批准擅自飞行、未按批准的飞行计划飞行、不及时报告或者漏报飞行动态、未经批准飞入空中限制区域和空中危险区域的,由有关部门按照职责分工责令改正,给予警告;造成重大事故或者严重后果的,依照刑法追究刑事责任。此外,由国家体育总局发布的《关于加强航空无人机飞行场地管理的通知》中规定,遥控航空无人机的飞行场地、飞行空域内不得有人或建筑群、高压电线等障碍物,任何情况下无人机都不得在人群上空飞行。

目前,我国空域管理权属于空军,民航局只能在空军的允许范围内使用空域。即便使用1 000 m以下的低空区域,私人飞机也需要军方的批准才可以飞行。一般城市的中心城区、机场周边以及北京全市不允许飞行。

根据机身质量,无人机分为4种:7 kg以下的为微型,7~116 kg的为轻型,116 kg~5.7 t的为中型,5.7 t以上的为大型。目前,民用无人机多为轻型或微型。根据《民用无人驾驶航空器系统驾驶员管理暂行规定》,质量小于等于7 kg的微型无人机,飞行范围在目视距离半径500 m内、相对高度低于120 m范围内,不需要证照,原则上所有飞行都需要申报计划。超出该范畴的,比如送快递、市区航拍等商用领域,则在飞行资质管理范围内。

一般情况下,相关部门对无人机驾驶员有"三个不管":室内运行的不管,例如婚礼上用无人机运送戒指;微型以下视距范围内(视距500 m、高120 m以内)的不管,例如遥控玩具飞机;在人烟稀少、空旷的非人口稠密区进行试验的无人机不管。普通消费者想用微型无人机给自己来张酷炫的"空中自拍",也不必专门去考飞行执照。

2.常见的飞行执照

(1)无人机航拍证。航拍又称空中摄影或航空摄影,是指从空中拍摄地球地貌,从而获得俯视图。航拍的摄像机可以由摄影师控制,也可以自动拍摄或远程控制。航拍所用的平台包括航空无人机、飞机、直升机、热气球、小型飞船、风筝和降落伞等。为了航拍照片的效果,有的时候会使用一些高级摄影设备(利用三轴陀螺仪稳定功能,提高画面的稳定性甚至在长焦距镜头下也非常稳定)。航拍图能够清晰地表现地理形态,因此除了作为摄影艺术的一环之外,也被运用于军事、交通建设、水利工程、生态研究和城市规划等方面。

(2)无人机安防证。无人机作为一种新型警用装备,在警务实战中得到较快应用发展。目前,已广泛应用于治安、刑侦、交警、禁毒、消防和特警等众多安防领域。通过培训警员将警务工作与无人机紧密结合,在保证飞行安全的基础上提高警务效能和无人机实战应用。飞行人员需要对无人机的飞行原理、无人机动力系统、飞控系统与地面控制站、航空气象知识、民航法规、安全飞行、空地协同、无人机侦察、警务应用、任务规划和法律法规有着明确的认识。

(3)无人机植保证。无人机植保就是操控无人驾驶飞机用于农林植保作业。该型无人机由飞行平台(固定翼、直升机和多轴飞行器)、导航和喷洒机构三部分组成,通过地面遥控或导航飞控,来实现喷洒作业,可以喷洒药剂、种子和粉剂等。

多旋翼农业植保无人机,机体型娇小而功能强大,可负载 8～10 kg 农药,在低空喷洒农药,每分钟可完成一亩地(1 亩≈666.7 m²)的作业。其喷洒效率是传统人工的 30 倍。该飞机采用智能操控,操作手通过地面遥控器及 GPS 定位对其实施控制,其旋翼产生的向下气流有助于增加雾流对作物的穿透性,防治效果好,同时远距离操控施药大大提高了农药喷洒的安全性。还能通过搭载视频器件,对农业病虫害等进行实时监控。

(4)无人机测绘证。测绘即测量和绘图,是以计算机技术、光电技术、网络通信技术、空间科学和信息科学为基础,以全球导航卫星定位系统(GNSS)、遥感(RS)和地理信息系统(GIS)为技术核心,利用无人机倾斜摄影、拍摄测量等手段将地面已有的特征点和界线通过测量手段获得反映地面现状的图形和位置信息,供工程建设的规划设计和行政管理之用。

(5)无人机电力巡线证。无人机巡检已成为输电线路的重要巡检手段之一,具有受地形限制小、塔头巡检效果好、成本低、操作简单和巡检效率高等优势。随着应用的增多,无人机人才队伍的建设已成为电网工作的重要部分。

章 节 小 结

我国建立民用航空法律体系的目的是为加强民用无人驾驶航空器的管理。目前我国现行的通用航空法规体系包括法律、法规、规章和标准等。无人机用户应在网络上进行注册。常见的无人机飞行执照有无人机航拍证、无人机安防证、无人机植保证、无人机测绘证和无人机电力巡线证等。

习　　题

1.我国民用航空法律体系的构成有哪些?

2.我国颁布民用航空法律体系的目的是什么?

3.我国现行的通用航空法律体系包括哪些?

4.《中华人民共和国民用航空法》共几章?包括哪几个方面的内容?

5.民用无人驾驶航空器系统空中交通管理办法是依据什么而制定的?

6.民用无人驾驶航空器系统空中交通管理办法使用的术语有哪些并进行阐述(至少写出5个)。

7.无人机用户如何进行网上注册?

8.常见的无人机飞行执照有哪些并简单阐述。

附　录

附　录　A

术　语

一、基础术语

固定翼:指飞机的机翼位置、后掠角等参数固定不变的飞机。

多旋翼:是一种具有三个及以上旋翼轴的特殊的无人驾驶旋翼飞行器。

常规旋翼:通常将单旋翼带尾桨式、双旋翼共轴式、双旋翼纵列式和双旋翼横列式称为常规旋翼无人机。

地面站:指具有对无人机飞行平台和任务载荷进行监控和操纵的能力,包含对无人机发射和回收控制的一组设备。

翼展:机翼(尾翼)左右翼尖间的直线距离(穿过机身部分也计算在内)。

翼型:飞机机翼或尾翼的横剖面形状。

机长:无人机最前端到最末端的直线距离。

重心:飞机各部分重力的合力作用点称为重心。

襟翼:特指现代机翼边缘部分的一种翼面形可动装置,可装在机翼后缘或前缘,可向下偏转或(和)向后(前)滑动,可为飞行提供升力。依据所安装部位和具体作用的不同,襟翼可分为后缘襟翼、前缘襟翼。

续航时间:续航时间又称之为"航时"。它是指飞机在不进行空中加油的情况下,耗尽其本身携带的可用燃料时,所能持续飞行的时间。

航程:指中途不补充燃料可以运行的最大续航距离。

升限:升限是指航空器所能达到的最大平飞高度。可分为理论升限和实用升限两种。理论升限为发动机在最大油门状态下飞机能维持水平直线飞行的最大高度。实用升限为发动机在最大油门状态下,飞机爬升率为某一规定小值(如 0.5 m/s 或 100 ft/min)时,所对应的飞行高度。

有效载荷:包括图像采集和图像存储。

数据链路:分为上行通信和下行通信。

飞行平台:包括结构、动力、电气、导航与控制等多个部分。

最大起飞质量:是指因设计或运行限制,航空器能够起飞时所容许的最大质量。最大起飞质量是航空器的三种设计质量限制之一,其余两种是最大零燃油质量和最大着陆质量。

二、飞控术语

飞控：飞控指飞行器的电子控制部分，硬件包括主控 MCU/传感器/其他接口部分。软件包括飞行控制算法等。

无人机：UAV(Unmanned Aerial Vehicle)，无人驾驶飞行器。

UAV：无人驾驶飞机(Unmanned Aerial Vehicle)，简称无人机。

FPV：第一人称主视角(First Person View)，把无人机机载摄像头的画面实时传输回来。

VR：虚拟现实(Virtual Reality)，沉浸于虚拟的立体世界，与 FPV 结合，会有种自己在飞的感觉。

AR：增强现实(Augmented Reality)，把虚拟信息与现实画面叠加，与 FPV 结合，可以联想出空战等故事。

GPS：定位系统。

蘑菇头：图传设备。

三叶草：图传设备。

接收机：接收信号、控制飞机。

遥控器：发射信号、遥控飞机。

IOC：控制反转。

俯仰、航向、横滚：pitch，yaw，roll，指三维空间中飞行器的旋转状态。

自由度维数：DOF(Dimension Of Freedom)，如果只有 3 轴陀螺仪和 3 轴加速度计，一共 6 个自由维度，称之为 6DOF。如果再加上磁力计，一共 9 个自由维度，称之为 9DOF。再加上气压计，一共 10 个自由维度，则为 10DOF。

惯性测量模块：IMU(Inertial Measurement Unit)，提供飞行器在空间姿态的传感器原始数据，一般由陀螺仪传感器/加速度传感器/电子罗盘提供飞行器 9DOF 数据。

姿态航向参考系统：AHRS(Attitude and Heading Reference System)。航姿参考系统与惯性测量单元 IMU 的区别在于，航姿参考系统(AHRS)包含了姿态数据解算单元与航向信息，惯性测量单元(IMU)仅仅提供传感器数据，并不具有提供准确可靠的姿态数据的功能。也就是 AHRS 是将惯性测量单元的数据进行了姿态解算融合，获得了准确的姿态航向信息。

运动感测追踪：英文 Motion Tracking。

微机电系统：MEMS(Micro Electrical Mechanical Systems)，陀螺仪/加速度计等都是属于微机电传感器。

地理坐标系：指地球所在的坐标系，这个坐标系是固定不变的，正北，正东，正上方分别表示 X,Y,Z 轴。

姿态解算：英文 Attitude Algorithm，也叫作姿态融合/IMU 数据融合。姿态解算是指把陀螺仪、加速度计和罗盘等的数据融合在一起，得出飞行器的空中姿态。

快速解算：也叫作快速融合。飞行器根据陀螺仪的三轴角速度对时间积分得到的俯仰/横滚/航向角。快速解算得到的姿态是非常粗糙的，误差很大。

深度解算：也叫作长期融合。将三轴陀螺仪快速解算的结果，再结合三轴地磁和三轴加速度数据进行校正，得到准确的姿态。

四元数：姿态的一种数学表示方式。飞行器姿态解算的数据一般使用四元数进行保存。

欧拉角:姿态的另一种数学表示方式。一般会将四元数保存的姿态转化为欧拉角,用于姿态控制算法。

三、机身术语

舵机:是遥控模型控制动作的来源。

KV值:电机在空载情况下每分钟的转速,电压每提高1 V,空载转速提高的幅度。

主控:主控芯片是主板或者硬盘的核心组成部分,是联系各个设备之间的桥梁,也是控制设备运行工作的大脑。

机架:是指无人机的承载平台,所有设备都是用机架承载起来飞上天上的。

四、操作术语

失控返航:无人机失去控制自动返航。

掉高:指的是无人机高度的降低,非人为操作原因。

机头锁定:方向锁定。

回中:遥控杆回中。

副翼:控制无人机左右倾斜。

升降舵:控制无人机上升下降或者前后倾斜。

方向舵:控制无人机左右转向。

油门:控制螺旋桨转速。

定高:固定无人机的高度,无人机可以左右前后飘。

定点:固定无人机于一点。

刷锅:环绕一个中心点作环绕飞行。

放电:电池或蓄电器释放电能。

三轴云台:相机的三脚架,可以活动,三轴就是 X,Y,Z 这3个轴,围绕这3个轴转动。

返航点:是指一发失效后,用剩余电量或者油量返回到出发地的最远距离点。

基本感度:飞机抵御其他因素干扰保持悬停的反应快慢。

姿态感度:遥控打舵时飞机反应的快慢。

上升气流:地面空气向上流动,这个地方就是上升气流。

四面悬停:对尾、对左、对右和对头四面定点悬停。

五、桨叶术语

射桨:飞行器的螺旋桨因为旋转时转速太高,超出了旋翼所承受拉力的设计值时,桨根断裂,由于旋转时的巨大惯性,残桨像炮弹破片那样高速飞出去,威力很大(相对来说),会打伤人,所以形象地称为"射桨"。有时旋翼固定螺丝松脱或碰到异物导致旋翼断裂也会导致射桨。

指南针校准:就是校准飞控里的指南针,一般会让飞机在原地旋转进行校准。

修舵:调整舵机方位。

折叠桨:可以折叠的螺旋桨,更方便携带。

螺距:桨叶旋转一周飞机所前进的距离。

六、电机电调术语

有刷/无刷电机:有刷电动机是内部含有换相电刷的电动机,无刷电机则不需要电刷。

空心杯电机:coreless motor,属于直流、永磁、伺服微特电机。空心杯电机在结构上突破了传统电机的转子结构形式,采用的是无铁芯转子。

电调:电调全称叫作电子调速器,英文 Electronic Speed Controller,简称 ESC。用于控制电机的转动、停止以及转动速度。

七、遥控器术语

通道:遥控器可以控制的动作路数,常见的有 6 通道(6CH)/10 通道(10CH)。遥控器只能控制四轴上下飞,那么就是 1 个通道。一般四轴在控制过程中需要控制的动作路数有上下、左右、前后、旋转。所以最低得 4 通道遥控器。如果想以后玩航拍这些就需要更多通道的遥控器,例如控制云台的旋转需要一个通道,控制拍照再需要一个通道。

油门:遥控器油门,在航模当中控制供电电流大小,决定飞行器的上升和下降。往上推油门,电流大,电动机转得快,力量大,飞行器上升。

日本手、美国手:遥控器上油门的位置在右边是日本手,在左边是美国手。

八、电池充电器术语

航模电池:航模上使用的锂电池,需要有较高的放电能力,一般以单位 C 表示,这是普通锂电池和航模锂电池最重要的区别。

电池容量 mA·h:表示电池容量,如 1 000 mA·h 电池,如果以 1 000 mA 放电,可持续放电 1 h。如果以 500 mA 放电,可以持续放电 2 h。

电池节数 2 s/3 s/4 s:代表锂电池的节数,锂电池 1 节标准电压为 3.7 V,那么 2 s 电池,就是代表有 2 个 3.7 V 电池在里面,电压为 7.4 V。对于小四轴,一般就是使用 1 节 3.7 V 电池就可以。

平衡充电:对于多节组合的电池,如 3 s 电池,内部是 3 个锂电池,因为制造工艺原因,没办法保证每个电池完全一致,充电放电特性都有差异,电池串联的情况下,就容易造成某些放电过度或充电过度、充电不饱满等,所以解决办法是分别对内部单节电池充电。动力锂电都有 2 组线,1 组是输出线(2 根),1 组是单节锂电引出线(与 s 数有关),充电时按说明书,都插入充电器内,就可以进行平衡充电。对于只有 1 节电池的小四轴,不存在这个平衡充电问题。

模拟图传:模拟图像传送是指对时间(包括空间)和幅度连续变化的模拟图像信号作信源和信道处理,通过模拟信道传输或通过模拟记录装置实现存储的过程。一般用扫描拾取图像信息和压缩频带等信源处理方法得到图像基带信号,再用预均衡、调制等信道处理方法形成图像通带信号。

高清图传:数字化的图像信号经信源编码和信道编码,通过数字信道(电缆、微波、卫星和光纤等)传输,或通过数字存储、记录装置存储的过程。数字信号在传输中的最大特点是可以多次再生恢复而不降低质量。还具有易于处理、调度灵活、高质量、高可靠和维护方便等优于模拟传输的其他特点。

通道:表示几个信号模式,一个通道相对应一个信号,这个信号可以让飞行器做出相应的动作,比如遥控器只能控制四轴上下飞,那么就是 1 个通道。用最常见的四轴无人机来举例,四轴在控制过程中需要控制的动作有上下、左右、前后和旋转,所以至少是 4 通道以上遥控器。

信道:是信号在通信系统中传输的通道,如果同一场地内多架飞机使用同一信道,图传会相互干扰。

压差:无人机锂电池由数块电芯串并联而成,通常电芯电压相近,电芯最高与最低电压的差值即是压差,压差过大则电池不宜继续使用。

云台:是安装在三脚架上方,用来连接三脚架和相机的中间构件。云台用得比较多的是球形云台和三维云台。球台灵活性更好,体积也稍小,对于精度要求不是特高的话可以考虑。三维云台可以在单一维度方向作转动,适合对精度要求高的场合,但使用时相对麻烦一些,并且体积稍大,便携性稍差。

过充:正常充电完毕后,继续高电压充电,使正极残余的锂离子继续向负极转移,但负极无法嵌入更多锂离子,使锂离子在负极表面以金属锂析出,造成枝晶等现象,出现隔离膜破损、电池短路或电解液泄漏燃烧等危险。

过放:电池正常放电至截止电压后,继续放电。由于负极中需要保持一定的锂离子才能保持结构的稳定,过放使更多的锂离子迁出,破坏了负极的稳定结构,造成负极不可逆的损坏。

九、基础词汇表

Air vehicle	飞行器
Aspect ratio	展弦比
Air navigation facilities	空中导航设施
Airworthiness certificate	适航证
ATC(Air Traffic Control)	空中交通管制
Airworthiness division	适航局
Autopilot	自动驾驶仪
COA(Certificate Of Authorization)	授权
Catapult launch	弹射器
CAA (Civil Aviation Authority)	民用航空局
Convention for the regulation of Aerial Navigation	空中导航监管公约
Convention on International Civil Aviation	国际民用航空公约
Communication data link	通信数据链
Decibel	分贝
DSB(Defense Science Board)	国防科学委员会
Data processing	数据处理
Data streams	数据流
Detection system	检测系统

续 表

Digital technology	数字技术
Electric helicopters	电动直升机
Electronic surveillance	电子监视
ELINT (Electronic Intelligence)	电子情报
ECM (Electronic Countermeasure)	电子对抗
EMI(Electromagnetic Interference)	电磁干扰
EW(Electronic Warfare)	电子战
FLIR (Forward-Looking Infrared)	前视红外(探测系统)
Fixed wing	固定翼
Fixed－wing airborne geophysical exploration	固定翼航空物探
FPV(First Person View)	第一人称主视角
VR(Virtual Reality)	虚拟现实
Flight control systems	飞行控制系统
FDR(Flight Data Recorder)	飞行数据记录仪
Flight information publications	飞行信息分布
FIR(Flight Information Regions)	飞行信息区
Flight operations	飞行操作
Flight plan	飞行计划
Flight rules	飞行规则
Flight service stations	飞行服务站
Flight test center	飞行测试中心
Frequency assignments	频率分配
Frequency hopping	跳频
GDT(Ground Data Terminal)	地面数据终端
GSE(Ground Support Equipment)	地面保障设备
Gyro(Gyroscope)	陀螺仪
GPS(Global Positioning Systems)	全球定位系统
GCP(Ground Control Points)	地面控制点
GCS(Ground Control Stations)	地面控制站
GMTI(Ground Moving Target Indication)	地面移动目标指示
Ground surveys	地面勘测
High speed fixed-wing fighter	高速固定翼飞机

续 表

HALE Roadmap	高空长航时航线图
Hand launching	手抛发射
Handheld GCS	手持式地面控制站
Helicopter systems	直升机系统
HALE(High-Altitude Long Endurance)	高空长航时
IR(Infrared)	红外
Information acquisition	信息采集
Infrared search	红外搜索
Infrared sensors	红外传感器
Infrared video cameras	红外视频摄像机
IFR(Instrument Flight Rules)	仪表飞行规则
Intelligence gathering	情报搜集
ISR(Intelligence,Surveillance,and Reconnaissance)	情报、监视与侦察
Large-scale UAS	大型无人机系统
Laser Obstacle and Avoidance and Monitoring(LOAM) system	激光障碍物规避与监视系统
Laser range finders/designators	激光测距仪
L&R(Launch and Recovery)	发射与回收
Launch cradle	发射装置
Line-of-sight technology	视距技术
Long-range reconnaissance systems	远程侦察
Loss-of-signal	信号丢失
Low-Altitude Short Endurance (LASE) UAS	低空短航时
Maintenance personnel	维护人员
MET (Meteorological)	气象的
MPCS (Mission Planning and Control Station)	任务规划控制站
Manual control	手动控制
Model aircraft	模型飞机
NAS(National Airspace System)	国家空域系统
Operating systems	操作系统
OT(Operational Test)	操作测试
Prohibited area	禁飞区
Rotary wing	旋翼机

续 表

RF(Radio Frequency)	无线电频率(射频)
RGT(Remote Ground Terminal)	远程地面终端
Radar mapping	雷达测绘
Radio controlled vehicle	无线电控制飞行器
Real time data transmission	实时数据传输
Remote control vehicle	遥控飞行器
Route information	航线信息
SA(Situation Awareness)	姿态感知
SUA(Special-Use Airspace)	特殊用途空域
Tactical UAS	战术无人机系统
The fixed win fleet	固定翼机群
TUAV (Tactical UAV)	战术无人机
The airship unmanned aerial vehicle	飞艇无人机
Target drone	靶机
Telemetry system	遥感系统
Thermal imaging	热成像
Thermal infrared video camera	热红外视频摄像机
Tilt rotor VTOL	倾转旋翼飞机垂直起降
Topographic data	地形测量数据
UAV(Unmanned Aerial Vehicle)	无人驾驶飞机(简称"无人机")
UAS (Unmanned Aerial System)	无人机系统
Unmanned helicopter	无人直升机
UCAV(Unmanned Combat Aerial Vehicle)	无人战斗机
UAS Flight Test Center	无人机系统飞行试验中心
Unmanned Air Vehicle Systems Committee	无人机系统委员会
VTOL(Vertical Take Off and Landing	垂直起降
VR (Virtual Reality)	虚拟现实
Visual detection	目视检测
VFR(Visual Flight Rules)	目视飞行规则

十、遥控器词汇表

Aileron	副翼舵
Elevator	升降舵
Throttle	油门
Rudder	尾舵（方向舵）
D/R (Dual Rates)	舵量双比率
EXP(Exponential)	指数曲线
AUX	辅助通道（开关、旋钮、按键、接口等）
Gear	起落架、收脚
Throttle cut	熄火开关
Trainer	教练功能
Hold	锁定
Flight mode	飞行模式选择
Flap	襟翼
Mixing	混控
Power	电源
Select	选择
Clear	清除
Error	错误
Display	显示
Back	返回
Channel	通道
Antenna	天线
Warnings	警告
Timer	定时器
Acro	固定翼
Helicopter	直升机
Glider	滑翔机
Band select	频率选择
Error low batt	低电量错误
Input select	输入选择
PCM(Pulse Code Modulation)	脉冲编码调制
PPM(Pulse Position Modulation)	脉冲位置调制

续 表

Servo	伺服机
Transmitter	发射机
Receiver	接收机
Swash type	十字盘模式
Type select	翼型选择
Model reset	模式重置
Stick	摇杆
Trim	微调
Subtrim	内置微调
Wing type	翼型
V-Tail	V 形尾翼
Delta	三角翼
Flaoeron	襟副翼飞机
Normal	标准模式
P-link	领航模式
Inh	未启动
Rev. sw.（Reversing switch）	舵机正反向
Travel　adjust	舵机行程
Swash mix	十字盘混控
Thro curve	油门曲线
Pitch curve	螺距曲线
Revo mix	伺服机混控
Gyro sens	陀螺仪敏感度
Mixing	混控
Monitor	伺服机状态查看
F. S(Fail Safe)	失控安全保护
EL-FL mix	升降-襟翼混控
AI-RU mix	副翼-方向混控
Flap sys.	襟翼系统
Differential	差动变速
Range tset	功率测试
Telemetry	遥测系统

附 录 B

外场飞行设备回收记录

日期/时间：　　　　　　　　　　　　　　　负责人：

阶　段	相关设备/材料	细　则
检查项目	飞机	飞机主体一架,副翼一堆,尾翼一对,副翼碳杆
	电池	参照电池燃料管理表
	资料采集设备	某品牌相机
	链路通信及地面站	(1)飞机电台一个; (2)对讲机(注意电量)
	机载设备	某品牌数码相机一台(注意存储内存卡)
	遥控器	某品牌遥控器一台
	其他必备品	(1)工具类:工具包,尖嘴钳子,偏口钳子、壁纸刀、飞机支架; (2)胶水/胶带:502.401.835,电工胶布,黑色双面胶,黄色纸胶带; (3)某品牌笔记本外接电源线一根
备注		

注:物品放到专用箱子里,特殊情况及时记清。

外场飞行电池燃料管理表

日期/时间：　　　　　　　　　　　　　　　负责人：

电池	相关类别	细　则	使用情况
电池	机载电池	(1)(无人机)16 000 mA·h LiPo 电池一块,满电电压 25.2 V; (2)(无人机)10 000 mA·h LiPo 电池一块,满电电压 25.2 V; (3)某品牌数码相机专用电池四块	
	遥控器/接收电池	某遥控器电池,MIHI 电池两块,满电电压 7.2 V	
	地面站通信电池	(1)笔记本 5 200 mA·h LiPo 外接电池一块,满电电压 16.8 V; (2)手持对讲机	
	外接数传电池	5 200 mA·h LiPo 外接电池一块,满电电压 16.8 V	
燃料	汽油	—	
	甲醇	—	
	备注	—	

注:注意电池电压,油料安放。

附　录　C

《中华人民共和国飞行基本规则》（部分内容，不含附件）

（2000 年 7 月 24 日中华人民共和国国务院、中华人民共和国中央军事委员会令第 288 号公布　根据 2001 年 7 月 27 日《国务院、中央军委关于修改〈中华人民共和国飞行基本规则〉的决定》第一次修订　根据 2007 年 10 月 18 日《国务院、中央军委关于修改〈中华人民共和国飞行基本规则〉的决定》第二次修订）

第一章　总　　则

第一条　为了维护国家领空主权，规范中华人民共和国境内的飞行活动，保障飞行活动安全有秩序地进行，制定本规则。

第二条　凡辖有航空器的单位、个人和与飞行有关的人员及其飞行活动，必须遵守本规则。

第三条　国家对境内所有飞行实行统一的飞行管制。

第四条　国务院、中央军事委员会空中交通管制委员会领导全国的飞行管制工作。

第五条　航空单位的负责人对本单位遵守本规则负责。机长对本空勤组成员遵守本规则负责。

第六条　各航空单位在组织与实施飞行中，应当协调配合，通报有关情况。

第七条　组织与实施飞行，应当按照飞行预先准备、飞行直接准备、飞行实施和飞行讲评等阶段进行。飞行阶段的具体内容和要求，由各航空管理部门自行规定。

第八条　与飞行有关的所有单位、人员负有保证飞行安全的责任，必须遵守有关规章制度，积极采取预防事故的措施，保证飞行安全。

经过批准的飞行，有关的机场和部门应当认真做好组织指挥和勤务保障工作。

第九条　飞行人员在飞行中，必须服从指挥，严格遵守纪律和操作规程，正确处置空中情况。遇到特殊情况，民用航空器的机长，为保证民用航空器及其所载人员的安全，有权对民用航空器作出处置；非民用航空器的机长（或者单座航空器飞行员，下同）在不能请示时，对于航空器的处置有最后决定权。

第十条　各航空管理部门制定与飞行有关的规范，应当符合本规则的规定。

第二章　空域管理

第十一条　空域管理应当维护国家安全，兼顾民用、军用航空的需要和公众利益，统一规划，合理、充分、有效地利用空域。

第十二条　空域的划设应当考虑国家安全、飞行需要、飞行管制能力和通信、导航、雷达设施建设以及机场分布、环境保护等因素。

空域通常划分为机场飞行空域、航路、航线、空中禁区、空中限制区和空中危险区等。空域管理和飞行任务需要的，可以划设空中走廊、空中放油区和临时飞行空域。

第十三条　空域的划设、调整，应当按照国家有关规定履行审批、备案手续。

第十四条　机场飞行空域应当划设在航路和空中走廊以外。仪表（云中）飞行空域的边界距离航路、空中走廊以及其他空域的边界，均不得小于 10 km。

机场飞行空域通常包括驾驶术(特技、编队、仪表)飞行空域、科研试飞飞行空域、射击飞行空域、低空飞行空域、超低空飞行空域、海上飞行空域、夜间飞行空域和等待空域等。

等待空域通常划设在导航台上空;飞行活动频繁的机场,可以在机场附近上空划设。等待空域的最低高度层,距离地面最高障碍物的真实高度不得小于 600 m。8 400 m 以下,每隔 300 m 为一个等待高度层;8 400～8 900 m 隔 500 m 为一个等待高度层;8 900～12 500 m,每隔 300 m 为一个等待高度层;12 500 m 以上,每隔 600 m 为一个等待高度层。

机场飞行空域的划设,由驻机场航空单位提出方案,报所在地区的中国人民解放军军级航空单位或者军区空军批准。

相邻机场之间飞行空域可以相互调整使用。

第十五条　航路分为国际航路和国内航路。

航路的宽度为 20 km,其中心线两侧各 10 km;航路的某一段受到条件限制的,可以减少宽度,但不得小于 8 km。航路还应当确定上限和下限。

第十六条　航线分为固定航线和临时航线。

临时航线通常不得与航路、固定航线交叉或者通过飞行频繁的机场上空。

第十七条　国家重要的政治、经济、军事目标上空,可以划设空中禁区、临时空中禁区。

未按照国家有关规定经特别批准,任何航空器不得飞入空中禁区和临时空中禁区。

第十八条　位于航路、航线附近的军事要地、兵器试验场上空和航空兵部队、飞行院校等航空单位的机场飞行空域,可以划设空中限制区。根据需要还可以在其他地区上空划设临时空中限制区。

在规定时限内,未经飞行管制部门许可的航空器,不得飞入空中限制区或者临时空中限制区。

第十九条　位于机场、航路、航线附近的对空射击场或者发射场等,根据其射向、射高、范围,可以在上空划设空中危险区或者临时空中危险区。

在规定时限内,禁止无关航空器飞入空中危险区或者临时空中危险区。

第二十条　空中禁区、空中限制区、空中危险区的划设、变更或者撤销,应当根据需要公布。

第二十一条　空中走廊通常划设在机场密集的大、中城市附近地区上空。

空中走廊的划设应当明确走向、宽度和飞行高度,并兼顾航空器进离场的便利。

空中走廊的宽度通常为 10 km,其中心线两侧各 5 km。受条件限制的,其宽度不得小于 8 km。

第二十二条　空中放油区的划设,按照国家有关规定执行。

第二十三条　临时飞行空域的划设,由申请使用空域的航空单位提出方案,经有关飞行管制部门划定,并通报有关单位。

国(边)境线至我方一侧 10 km 之间地带上空禁止划设临时飞行空域。通用航空飞行特殊需要时,经所在地大军区批准后由有关飞行管制部门划设。

第二十四条　在机场区域内必须严格执行国家有关保护机场净空的规定,禁止在机场附近修建影响飞行安全的射击靶场、建筑物、构筑物、架空线路等障碍物体。

在机场及其按照国家规定划定的净空保护区域以外,对可能影响飞行安全的高大建筑物或者设施,应当按照国家有关规定设置飞行障碍灯和标志,并使其保持正常状态。

第二十五条　在距离航路边界 30 km 以内的地带,禁止修建影响飞行安全的射击靶场和其他设施。

在前款规定地带以外修建固定或者临时靶场,应当按照国家有关规定获得批准。靶场射击或者发射的方向、航空器进入目标的方向不得与航路交叉。

第二十六条　修建各种固定对空射击场或者炮兵射击靶场,必须报国务院、中央军事委员会批准。设立临时性靶场和射击点,经有关飞行管制部门同意后,由设立单位报所在省、自治区、直辖市人民政府和大军区审查批准。

固定或者临时性的对空射击场、发射场、炮兵射击靶场、射击点的管理单位,应当负责与所在地区飞行管制部门建立有效的通信联络,并制定协同通报制度;在射击或者发射时,应当进行对空观察,确保飞行安全。

第二十七条　升放无人驾驶航空自由气球或者可能影响飞行安全的系留气球,须经有关飞行管制部门批准。具体管理办法由国务院、中央军事委员会空中交通管制委员会会同国务院民用航空主管部门、中国人民解放军空军拟定,报国务院、中央军事委员会批准实施。

第三章　飞 行 管 制

第二十八条　中华人民共和国境内的飞行管制,由中国人民解放军空军统一组织实施,各有关飞行管制部门按照各自的职责分工提供空中交通管制服务。

第二十九条　飞行管制的基本任务是:

(一)监督航空器严格按照批准的计划飞行,维护飞行秩序,禁止未经批准的航空器擅自飞行;

(二)禁止未经批准的航空器飞入空中禁区、临时空中禁区或者飞出、飞入国(边)境;

(三)防止航空器与航空器、航空器与地面障碍物相撞;

(四)防止地面对空兵器或者对空装置误射航空器。

第三十条　在中华人民共和国境内,按照飞行管制责任划分为:飞行管制区、飞行管制分区、机场飞行管制区。

航路、航线地带和民用机场区域设置高空管制区、中低空管制区、终端(进近)管制区、机场塔台管制区。

在中华人民共和国境内、毗连区、专属经济区及其毗连的公海的上空划分若干飞行情报区。

第三十一条　各类管制区的划设,应当按照国家有关规定审批。

第三十二条　各类管制区的飞行管制,由有关飞行管制部门按照职责分工实施。

第三十三条　中华人民共和国境内特定地区以及执行特殊任务的飞行,应当执行特种飞行管制规定。

第三十四条　担负飞行管制任务的航空管理部门及航空单位,应当按照各自的职责权限,根据本规则制定飞行管制的具体实施办法。

相关飞行管制部门之间,应当制定协同制度。

第三十五条　所有飞行必须预先提出申请,经批准后方可实施。

获准飞出或者飞入中华人民共和国领空的航空器,实施飞出或者飞入中华人民共和国领空的飞行和各飞行管制区间的飞行,必须经中国人民解放军空军批准;飞行管制区内飞行管制分区间的飞行,经负责该管制区飞行管制的部门批准;飞行管制分区内的飞行,经负责该分区飞行管制的部门批准。

民用航空的班期飞行,按照规定的航路、航线和班期时刻表进行;民用航空的不定期运输飞行,由国务院民用航空主管部门批准,报中国人民解放军空军备案;涉及其他航空管理部门的,还应当报其他航空管理部门备案。

第三十六条　战斗飞行按照战斗命令执行,飞机起飞前或者起飞后必须及时通报飞行管制部门。

第三十七条　对未经批准而起飞或者升空的航空器,有关单位必须迅速查明情况,采取必要措施,直至强迫其降落。

第三十八条　转场航空器的起飞,机场区域内、外飞行的开始和结束,均应当遵守预定的时间;需要提前或者推迟起飞时间的,应当经上一级飞行管制部门的许可。

转场航空器超过预定起飞时间一小时仍未起飞,又未申请延期的,其原飞行申请失效。

第三十九条　组织与实施通用航空飞行活动,必须按照有关规定履行报批手续,并向当地飞行管制部门提出飞行申请。飞行申请的内容包括:任务性质、航空器型别、飞行范围、起止时间、飞行高度和飞行条件等。各航空单位应当按照批准的飞行计划组织实施。

第四十条　航空器飞入相邻管制区前,飞行管制部门之间应当进行管制移交。管制移交应当按照程序管制或者雷达管制的有关规定实施。

第四十一条　在中华人民共和国领空飞行的航空器,必须标明明显的识别标志,禁止无识别标志的航空器飞行。

无识别标志的航空器因特殊情况需要飞行的,必须经中国人民解放军空军批准。

航空器的识别标志,必须按照国家有关规定获得批准。

第四十二条　空中交通管制员、飞行指挥员(含飞行管制员,下同)应当按照国家有关规定,经过专门培训、考核,取得执照、证书后,方可上岗工作。

第四章　机场区域内飞行

第四十三条　机场区域是指机场和为该机场划定的一定范围的设置各种飞行空域的空间。

机场区域应当根据机场周围的地形,使用该机场的航空器的型别和任务性质,邻近机场的位置和跑道方向,机场附近的国(边)境、空中禁区、对空射击场或者发射场、航路和空中走廊的位置,以及公众利益和安全保障等因素划定。

相邻机场距离过近的,可以合划一个机场区域。

机场区域的界线通常与机场飞行(塔台)管制区的界线相同。

第四十四条　机场区域内飞行,应当遵守机场使用细则。

机场使用细则的制定、审批和备案,按照国家有关规定执行。

第四十五条　飞行人员飞行时,必须按照规定携带必备的资料、文书和证件。

第四十六条　飞行准备以及保障飞行的准备工作,必须在飞行开始前完成。在各项准备和天气情况符合飞行要求时,飞行方可开始。

接受转场飞行航空器降落的机场,必须在航空器到达机场 30 min 以前,做好保障降落的各项准备工作。

第四十七条　昼间飞行,在航空器起飞、降落前,水平能见度小于 2 km 的,应当打开机场全部障碍标志灯;水平能见度小于 1 km 的,起飞时还应当打开跑道灯,着陆时还应当打开航空器着陆方向(着陆的反航向)上保障飞行的全部灯光。

第四十八条　飞行人员自起飞前开车起到着陆后关车止,必须同空中交通管制员或者飞行指挥员保持无线电通信联络,并且严格遵守通信纪律。

未配备无线电通信设备或者通信设备发生故障的航空器,按照本规则附件一的规定进行联络。

第四十九条　飞行员开车滑行,必须经空中交通管制员或者飞行指挥员许可。滑行或者牵引时,应当遵守下列规定:

(一)按照规定的或者空中交通管制员、飞行指挥员指定的路线滑行或者牵引。

(二)滑行速度应当按照相应航空器的飞行手册或者飞行员驾驶守则执行;在障碍物附近滑行,速度不得超过每小时 15 km。

(三)航空器对头相遇,应当各自靠右侧滑行,并且保持必要的安全间隔;航空器交叉相遇,飞行员从座舱左侧看到另一架航空器时应当停止滑行,主动避让。

(四)两架以上航空器跟进滑行,后航空器不得超越前航空器,后航空器与前航空器的距离,不得小于 50 m。

(五)夜间滑行或者牵引,应当打开航空器上的航行灯。

(六)直升机可以用 1～10 m 高度的飞行代替滑行。

水上航空器在滑行或者牵引中,与船只对头或者交叉相遇,应当按照航空器滑行或者牵引时相遇的避让方法避让。

第五十条　通常情况下,准备起飞的航空器,在起落航线第四转弯后无其他航空器进入着陆时,经空中交通管制员或者飞行指挥员许可,方可滑进跑道;跑道上无障碍物,方准起飞。

航空器起飞、着陆时,后航空器应当与前航空器保持规定的安全间隔。

第五十一条　机场的起落航线通常为左航线;若因地形、城市等条件的限制,或者为避免同邻近机场的起落航线交叉,也可以为右航线;起落航线的飞行高度,通常为 300～500 m。

进行起落航线飞行时,禁止超越同型航空器;各航空器之间的距离,一般应当保持在 1 500 m 以上;经空中交通管制员或者飞行指挥员许可,速度大的航空器可以在第三转弯前超越速度小的航空器,超越时应当从前航空器的外侧超越,其间隔不得小于 200 m。除必须立即降落的航空器外,任何航空器不得从内侧超越前航空器。

加入起落航线飞行必须经空中交通管制员或者飞行指挥员许可,并且应当顺沿航线加入,不得横向截入。

第五十二条　航空器起飞后在机场区域内上升或者降落前在机场区域内下降,必须按照空中交通管制员或者飞行指挥员的指示进行。

航空器飞离机场加入航路、航线和脱离航路、航线飞向机场,应当按照该机场使用细则或者进离场程序规定的航线和高度上升或者下降。

第五十三条　相邻机场的穿云上升航线、穿云下降航线互有交叉,飞行发生矛盾时,由负责该地区飞行管制的部门调整。

第五十四条　航空器进行空域飞行时,应当按照规定的航线(航向)、高度、次序进入空域或者脱离空域,并且保持在规定的空域和高度范围内飞行。

除等待空域外,一个飞行空域,在同一个时间内,只允许安排一至三批航空器飞行。各批航空器飞行活动的高度范围之间,通常应当保持 2 000 m 以上的高度差。

第五十五条　目视飞行时,飞行人员必须加强空中观察。航空器应当与云保持一定的水平距离和垂直距离。

机长对目视飞行的安全负直接责任。

第五十六条　航空器进入着陆,应当经空中交通管制员或者飞行指挥员许可;不具备着陆条件的,不得勉强着陆。

航空器着陆后,应当迅速脱离跑道。

第五十七条　飞行人员在复杂气象条件下按仪表飞行,必须同时具备下列条件:

(一)飞行人员掌握复杂气象飞行技术;

(二)航空器配备有完好的航行设备和无线电通信设备。

第五十八条　复杂气象条件下进入机场区域的飞行,必须经空中交通管制员或者飞行指挥员许可。空中交通管制员或者飞行指挥员允许航空器飞入机场区域时,应当及时向飞行员通报下列情况:

(一)进入的飞行高度;

(二)机场区域内有关的飞行情况;

(三)水平能见度或者跑道视程、天气现象和机场上空的云底高度,地面和穿云高度上的风向、风速,场面气压或者修正海平面气压,或者零点高度,以及地面大气温度;

(四)仪表进场或者穿云方法和着陆航向。

第五十九条　航空器在等待空域内,必须保持在规定的等待高度层并且按照空中交通管制员或者飞行指挥员指示的方法飞行,未经许可,不得自行改变。

在等待空域内等待降落的航空器,应当按照规定的顺序降落。特殊情况下,经空中交通管制员或者飞行指挥员许可,方可优先降落。

第六十条　航空器穿云下降必须按照该机场的仪表进近图或者穿云图进行。当下降到规定的最低高度或者决断高度仍不能以目视进行着陆时,应当立即停止下降,并且按照规定的航向上升至安全高度。

航空器因故不能在该机场降落的,空中交通管制员、飞行指挥员或者航空公司签派员及其代理人,应当立即通知备降机场准备接受航空器降落,同时指示航空器飞往备降机场的航向、飞行高度和通知备降机场的天气情况。在飞行人员同备降机场沟通无线电联络并且报告在备降机场着陆已有保障以前,空中交通管制员、飞行指挥员或者航空公司签派员及其代理人应当继续与该航空器保持联络。

第六十一条　航空器飞临降落机场时,机场的天气情况低于机长飞行的最低气象条件,且航空器无法飞往备降机场的,空中交通管制员或者飞行指挥员应当采取一切措施,指挥航空器安全降落。

第六十二条　飞机在空中拖曳滑翔机时,拖曳飞机同滑翔机应当视为一个航空器。滑翔机飞行员应当服从拖曳飞机飞行员的指挥。

滑翔机在空中脱离拖曳,必须在规定的高度上进行,并且经拖曳飞机飞行员同意,但紧急情况除外。

第六十三条　机场区域内飞行的开始和结束的时间,其他任务飞行的航空器在该机场起飞和降落的时间,均应当及时报告上级飞行管制部门。

相邻机场应当互相主动通报有关的飞行情况。

第五章　航路和航线飞行

第六十四条　航空器使用航路和航线,应当经负责该航路和航线的飞行管制部门同意。

第六十五条　航路和固定航线地带应当设置必要的监视和导航设备。

沿航路和固定航线应当有备降机场。备降机场应当有必备的设备和良好的通信、导航、气象保障。

军用机场作为民用航空器的固定备降机场或者民用机场作为军用航空器的固定备降机场,应当按照国家有关规定经过批准。

第六十六条　穿越航路和航线的飞行,应当明确穿越的地段、高度和时间,穿越时还应当保证与航路和航线飞行的航空器有规定的飞行间隔。

第六十七条　飞行任务书是许可飞行人员进行转场飞行和民用航空飞行的基本文件。飞行任务书由驻机场航空单位或者航空公司的负责人签发。

在飞行任务书中,应当明确飞行任务、起飞时间、航线、高度、允许机长飞行的最低气象条件以及其他有关事项。

第六十八条　航路、航线飞行或者转场飞行前,驻机场航空单位或者航空公司的负责人应当亲自或者指定专人对飞行人员的飞行准备情况进行检查。飞行准备质量符合要求时,方可执行飞行任务。

第六十九条　航路、航线飞行或者转场飞行的航空器的起飞,应当根据飞行人员和航空器的准备情况,起飞机场、降落机场和备降机场的准备情况以及天气情况等确定;有下列情况之一的,不得起飞:

(一)空勤组成员不齐,或者由于技术、健康等原因不适于飞行的;

(二)飞行人员尚未完成飞行准备、飞行准备质量不符合要求,驻机场航空单位或者航空公司的负责人未批准飞行的;

(三)飞行人员未携带飞行任务书、飞行气象文件及其他必备飞行文件的;

(四)飞行人员未校对本次飞行所需的航行、通信、导航资料和仪表进近图或者穿云图的;

(五)航空器或者航空器上的设备有故障可能影响飞行安全,或者民用航空器设备低于最低设备清单规定,或者军用航空器经机长确认可能影响本次飞行安全的;

(六)航空器表面的冰、霜、雪未除净的;

(七)航空器上的装载和乘载不符合规定的;

(八)航空器未按规定携带备用燃料的;

(九)天气情况低于机长飞行的最低气象条件,以及天气情况危及本次飞行安全的。

第七十条　飞行人员在飞行中必须遵守有关的飞行规则和飞行任务书中的各项规定,服从飞行指挥,准确实施领航,保持规定的航行诸元,注意观察空中情况,按照规定及时报告航空器位置、飞行情况和天气情况,特别是危险天气现象及其发展情况。

第七十一条　目视飞行时,航空器应当按照下列规定避让:

(一)在同一高度上对头相遇,应当各自向右避让,并保持 500 m 以上的间隔;

(二)在同一高度上交叉相遇,飞行员从座舱左侧看到另一架航空器时应当下降高度,从座舱右侧看到另一架航空器时应当上升高度;

(三)在同一高度上超越前航空器,应当从前航空器右侧超越,并保持 500 m 以上的间隔;

（四）单机应当主动避让编队或者拖曳飞机，有动力装置的航空器应当主动避让无动力装置的航空器，战斗机应当主动避让运输机。

第七十二条　在与航路、固定航线交叉或者靠近的临时航线飞行时，飞行人员应当加强对空中的观察，防止与航路飞行的航空器相撞。当临时航线与航路、固定航线交叉时，水平能见度大于 8 km 的，应当按照规定的飞行高度通过；在云中飞行或者水平能见度小于 8 km 的，应当按照空中交通管制员或者飞行指挥员的指示通过。在靠近航路的航线上飞行时，应当与航路的边界保持规定的安全间隔。

第七十三条　未配备复杂气象飞行设备的航空器，机长应当按照规定的飞行最低气象条件，在安全高度以上进行目视飞行，防止飞入云中。

第七十四条　当天气情况不低于机长飞行的最低气象条件时，机长方可在 300 m 以下进行目视飞行，飞行时航空器距离云层底部不得小于 50 m。

第七十五条　航空器沿航路和固定航线飞行通过中途机场 100～50 km 前，除有协议的外，飞行人员应当向该机场的空中交通管制员或者飞行指挥员报告预计通过的时间和高度。中途机场的空中交通管制员或者飞行指挥员必须指挥在本机场区域内飞行的航空器避让过往航空器，保证其安全通过；无特殊原因，不得改变过往航空器的航线和高度。

航空器在临时航线飞行通过中途机场时，应当按照规定的航线和高度通过，或者按照该机场空中交通管制员或者飞行指挥员的指示通过。

第七十六条　飞行中，飞行人员与地面联络中断，可以停止执行飞行任务，返回原机场或者飞往就近的备降机场降落。当保持原高度飞向备降机场符合飞行高度层配备规定时，仍保持原高度飞行；当保持原高度飞向备降机场不符合飞行高度层配备规定时，应当下降到下一层高度飞向备降机场；因飞行安全高度所限不能下降到下一层高度的，应当上升至上一层高度飞向备降机场。

第七十七条　航路、航线飞行或者转场飞行的航空器，在起飞前或者在中途机场降落后需要继续飞行的，机长或者其代理人必须到机场飞行管制部门办理飞行手续，校对有关资料，经批准后方可起飞；航空器降落后需要连续起飞的，必须事先经中途机场飞行管制部门的许可。

航路、航线飞行或者转场飞行的航空器降落后，机长或者其代理人必须到机场飞行管制部门或者航空公司报告飞行情况和航路、航线天气情况，送交飞行任务书和飞行天气报告表。

未经批准而降落在非预定机场的航空器，必须由驻该机场航空单位的负责人向上级报告，经批准后方可起飞。

第七十八条　航路、航线飞行或者转场飞行的航空器到达预定机场后，其各项保障工作由驻该机场的有关部门按照规定或者协议负责。

第六章　飞 行 间 隔

第七十九条　飞行间隔是为了防止飞行冲突，保证飞行安全，提高飞行空间和时间利用率所规定的航空器之间应当保持的最小安全距离。飞行间隔包括垂直间隔和水平间隔。水平间隔分为纵向间隔和横向间隔。

机长必须按照规定的飞行间隔飞行，需要改变时，应当经飞行管制部门许可。

第八十条　航路、航线飞行或者转场飞行的垂直间隔，按照飞行高度层配备。飞行高度层按照以下标准划分：

（一）真航线角在 0°～179°范围内，高度由 900～8 100 m，每隔 600 m 为一个高度层；高度由 8 900~12 500 m,每隔 600 m 为一个高度层;高度在 12 500 m 以上,每隔 1 200 m 为一个高度层。

(二)真航线角在 180°~359° 范围内,高度由 600~8 400 m,每隔 600 m 为一个高度层;高度由 9 200~12 200 m,每隔 600 m 为一个高度层;高度在 13 100 m 以上,每隔 1 200 m 为一个高度层。

(三)飞行高度层应当根据标准大气压条件下假定海平面计算。真航线角应当从航线起点和转弯点量取。

飞行高度层的具体配备标准见本规则附件二。

第八十一条 航路、航线飞行或者转场飞行的水平间隔,由中国人民解放军空军会同国务院民用航空主管部门拟定,报国务院、中央军事委员会空中交通管制委员会批准。

第八十二条 飞行的安全高度是避免航空器与地面障碍物相撞的最低飞行高度。

航路、航线飞行或者转场飞行的安全高度,在高原和山区应当高出航路中心线、航线两侧各 25 km 以内最高标高 600 m;在其他地区应当高出航路中心线、航线两侧各 25 km 以内最高标高 400 m。

受性能限制的航空器,其航路、航线飞行或者转场飞行的安全高度,由有关航空管理部门另行规定。

第八十三条 航路、航线飞行或者转场飞行的航空器,在航路中心线、航线两侧各 25 km 以内的最高标高不超过 100 m,大气压力不低于 100 kPa(750 mmHg)的,允许在 600 m 的高度层内飞行;当最高标高超过 100 m,大气压力低于 100 kPa(750 mmHg)的,飞行最低的高度层必须相应提高,保证飞行的真实高度不低于安全高度。

第八十四条 航路、航线飞行或者转场飞行的高度层,由批准本次飞行的负责人,通过飞行管制部门具体配备。

飞行高度层应当根据飞行任务的性质、航空器性能、飞行区域以及航线的地形、天气和飞行情况等配备。

第八十五条 在同一条航路、航线有数架(数批)航空器同时飞行并且互有影响的,应当分别将每架(每批)航空器配备在不同的高度层内;不能配备在不同高度层的,可以允许数架(数批)航空器在同一条航路、航线、同一个高度层内飞行,但是各架(各批)航空器之间应当保持规定的纵向间隔。

第八十六条 航路、航线飞行或者转场飞行的航空器起飞前,应当将场面气压的数值调整到航空器上气压高度表的固定指标,使气压高度表的指针指到零的位置。

航路、航线飞行或者转场飞行的航空器起飞后,在未规定过渡高度或者过渡高的机场上升到距该机场道面 600 m 高度时,应当将航空器上气压高度表的标准海平面气压值调整到固定指标,然后再继续上升到规定的飞行高度层;规定有过渡高度或者过渡高的机场,在上升至过渡高度或者过渡高时,应当将气压高度表调整到标准海平面气压值。

航路、航线飞行或者转场飞行的航空器,进入降落机场区域并下降至该机场过渡高度层时,或者根据空中交通管制员、飞行指挥员的指示,将机场场面气压的数值调整到航空器上气压高度表的固定指标。

仅供民用航空器起降的机场,可以修正海平面气压值为航空器气压高度表拨正值。

提供外国航空器起降的机场,可以向外国航空器提供机场修正海平面气压值。

军用、民用航空器在同一机场同时飞行的,必须统一航空器上气压高度表拨正时机。

第八十七条 在高原机场起飞前,航空器上气压高度表的气压刻度不能调整到机场场面气压数值的,应当将气压高度表的标准海平面气压值调整到固定指标(此时所指示的高度为假定零点高度),然后起飞和上升到规定的飞行高度。

在高原机场降落时,航空器上气压高度表的气压刻度不能调整到机场场面气压数值的,应当按照空中交通管制员或者飞行指挥员通知的假定零点高度进行着陆。航空器上有两个气压高度表的,应当将其中一个气压高度表的标准海平面气压值调整到固定指标,而将另一个气压高度表以修正的海平面气压值调整到固定指标。

在高原、山区飞行,必须注意航空器上气压高度表与无线电高度表配合使用。

第八十八条 航路、航线飞行或者转场飞行时,因航空器故障、积冰、绕飞雷雨区等原因需要改变飞行高度层的,机长应当向飞行管制部门报告原因和当时航空器的准确位置,请求另行配备飞行高度层。飞行管制部门允许航空器改变飞行高度层时,必须明确改变的高度层以及改变高度层的地段和时间。

遇有紧急情况,飞行安全受到威胁时,机长可以决定改变原配备的飞行高度层,但必须立即报告飞行管制部门,并对该决定负责。改变高度层的方法是:从航空器飞行的方向向右转30°,并以此航向飞行 20 km,再左转平行原航线上升或者下降到新的高度层,然后转回原航线。

第七章 飞 行 指 挥

第八十九条 组织实施飞行指挥应当根据本规则和有关规定进行,做到正确、及时和不间断。

第九十条 飞行指挥员必须切实履行职责,维护机场、空中秩序和飞行纪律,并做到:

(一)了解飞行任务、飞行计划、飞行人员的技术水平及健康状况、航空器性能和机载设备,以及各项保障工作情况;

(二)掌握飞行动态,了解天气变化,及时向飞行人员通知有关的空中情况和指挥其准确地按照计划飞行;

(三)当空中情况发生变化时,及时采取措施,正确处置。

第九十一条 飞行指挥必须按照下列调配原则安排飞行次序:

(一)一切飞行让战斗飞行;

(二)其他飞行让专机飞行和重要任务飞行;

(三)国内一般任务飞行让班期飞行;

(四)训练飞行让任务飞行;

(五)场内飞行让场外飞行;

(六)场内、场外飞行让转场飞行。

第九十二条 在飞行期间,所有参加飞行和保障飞行的人员,必须服从飞行指挥员的指挥。

第九十三条 驻在同一机场的军用航空器和民用航空器同时飞行时,必须实施统一指挥。军用航空单位派出飞行指挥员,民用航空单位派出飞行副指挥员。

飞行副指挥员负责向飞行指挥员报告民用航空器的航行诸元和有关飞行情况,并且按照飞行指挥员的指示,对民用航空器实施指挥。

第九十四条　执行不同任务的航空器或者不同型别的航空器,在同一机场同时飞行的,应当根据具体情况安排优先起飞和降落的顺序。

对执行紧急或者重要任务的航空器,班期飞行或者转场飞行的航空器,速度大的航空器,应当允许优先起飞;对有故障的航空器,剩余油量少的航空器,执行紧急或者重要任务的航空器,班期飞行和航路、航线飞行或者转场飞行的航空器,应当允许优先降落。

第九十五条　飞行指挥用无线电实施。指挥用语应当简短、明确、易懂、规范。

未配备无线电通信设备的航空器,无线电受干扰或者无线电通信设备发生故障的航空器,按照本规则附件一的规定实施指挥。

第九十六条　现用机场应当设飞行管制室、起飞线塔台(指挥塔台)或者机场管制塔台,其位置应当有良好的视界,可观察到机场、净空地带以及航空器飞行和航空器在机场上的活动。

机场飞行管制室、起飞线塔台(指挥塔台)或者机场管制塔台,应当配备指挥和保障飞行的通信设备、雷达显示设备或者雷达标图以及其他有关设备和必要的文件图表等。

第九十七条　作战飞行的指挥,按照中国人民解放军有关规定执行。

第八章　飞行中特殊情况的处置

第九十八条　飞行中的特殊情况,是指突然发生的危及飞行安全的情况。

对飞行中特殊情况的处置,应当根据情况的性质、飞行条件和可供进行处置的时间来确定。飞行中各种特殊情况的处置办法,由各航空管理部门规定。

第九十九条　飞行人员、空中交通管制员、飞行指挥员和各类保障飞行的人员,对飞行中特殊情况的处置必须预有准备。飞行人员应当及时察觉飞行中出现特殊情况的各种征兆,熟练掌握在各种特殊情况下的操作程序和紧急处置方法;空中交通管制员或者飞行指挥员,应当熟知在不同的飞行条件下特殊情况的指挥措施和组织援救遇险航空器的方法;各类保障飞行的人员在任何情况下都应当恪尽职守,使各种保障设施经常处于良好状态,随时能为飞行人员、空中交通管制员、飞行指挥员正确处置特殊情况提供有利条件。

第一百条　飞行中发生特殊情况,机长必须在保证航空器上人员生命安全的前提下,积极采取措施保全航空器。时间允许的,机长应当及时向空中交通管制员或者飞行指挥员报告所发生的情况和准备采取的措施,并且按照其指示行动。

空中交通管制员或者飞行指挥员应当根据空中具体情况,及时采取正确措施指挥航空器。

第一百零一条　在飞行中遇到严重危及航空器和人员安全的情况时,飞行人员应当利用一切手段,重复发出规定的遇险信号。其他航空器飞行人员在飞行中收到遇险信号,应当暂时停止使用无线电发信,必要时协助遇险航空器重复发出遇险信号。

空中交通管制员或者飞行指挥员在收到航空器发出的遇险信号后,应当迅速查明遇险航空器的位置和险情性质,立即采取措施,并报告上级。

第一百零二条　军用航空器遇险时,有关部门应当及时报告当地政府和驻军。当地政府和驻军应当立即组织搜寻援救。在海上搜寻援救遇险航空器时,还应当报告国家海上搜寻援救组织和附近的海上搜寻援救组织,国家海上搜寻援救组织和附近的海上搜寻援救组织应当迅速进行搜寻和援救。

民用航空器遇险时,搜寻援救活动的组织与实施按照国家有关规定执行。

第一百零三条　航空器在中华人民共和国境外遇险时,应当使用国际通用的遇险信号和频率。在海上飞行遇险时,设备允许的,还应当使用 500 kHz 频率发出遇险信号。

第九章　通信、导航、雷达、气象和航行情报保障

第一百零四条　通信、导航、雷达、气象和航行情报保障部门应当明确任务,认真履行职责,密切协同,周密组织与实施飞行保障工作。

第一百零五条　各种通信、导航设备必须经常处于良好状态,主要设备应当配有备份,保证通信、导航的可靠性和稳定性。

有关部门应当加强对航空通信、导航无线电频率的管理和保护。任何单位或者个人使用的无线电台和其他仪器、装置,不得妨碍航空无线电专用频率的正常使用。

航路、航线地空通信、导航设备的增设、撤除或者变更,应当经中国人民解放军空军或者国务院民用航空主管部门同意。其中中波导航台和军用、民用航空共用的地空通信、导航设备的撤除还须经使用各方协商同意。

第一百零六条　飞行实施过程中,飞行人员、空中交通管制员、飞行指挥员应当按照通信、导航保障规定,正确使用通信、导航设备。

第一百零七条　雷达保障部门应当对中华人民共和国境内的所有飞行提供保障。

雷达设备应当经常处于良好状态,保证雷达工作的可靠性和稳定性。

雷达保障工作,应当按照管制区域或者雷达责任区组织实施。

第一百零八条　雷达保障应当做到:

(一)及时、准确、连续地测定和通报空中航空器的位置;

(二)严密监视航空器按照预定的航路、航线、飞行空域和高度飞行,及时发现和报知航空器偏离航路、航线、改变飞行高度和超出飞行空域的情况;

(三)当获知空中有迷航、遇险的航空器时,应当组织有关雷达重点观察,迅速判明迷航、遇险的航空器及有关情况;

(四)当飞行区域天气不稳定时,应当根据空中交通管制员或者飞行指挥员的要求,及时组织雷达探测天气。

第一百零九条　飞行的气象保障工作由航空气象保障部门负责。

航空气象保障部门必须严密组织气象保障,及时、准确地提供天气预报、天气实况,及时发布重要气象情报、危险天气警报和通报;必要时可以提出派遣航空器侦察天气和利用探测设备探测天气的建议。

有关单位应当优先传递重要气象情报、危险天气警报和通报。

机场的气象台,应当根据空中交通管制员或者飞行指挥员下达的任务,对在本机场起飞、降落的航空器,实施气象保障;兼负飞行管制分区(区域)飞行管制任务部门的机场气象台,还应当负责本区内转场飞行的气象保障。

国家和各省、自治区、直辖市气象部门应当根据航空单位的申请,提供必要的气象情报。

第一百一十条　飞行气象保障的组织与实施,应当按照各航空单位的有关规定执行。

飞行保障任务涉及两个以上无隶属关系的气象部门时,应当按照有关协同规定组织实施。

第一百一十一条　航行情报部门,应当提供保证飞行安全、正常和效率所需要的各种航行情报资料。

有关单位应当主动配合,密切协作,及时提供航行情报,保证航行资料及时、准确和完整。

第十章　对外国航空器的特别规定

第一百一十二条　外国航空器飞入或者飞出中华人民共和国领空,或者在中华人民共和

国境内飞行、停留,必须按照中华人民共和国的有关规定获得批准。

第一百一十三条 外国航空器在中华人民共和国境内的航路、航线飞行时,由中华人民共和国国务院民用航空主管部门负责提供空中交通管制服务。

第一百一十四条 外国航空器飞入或者飞出中华人民共和国领空,必须按照规定的航路飞入或者飞出。飞入或者飞出领空前 20~15 min,其机组必须向中华人民共和国有关空中交通管制部门报告,并取得飞入或者飞出领空的许可;未经许可,不得飞入或者飞出。

第一百一十五条 未经批准擅自飞入或者飞出中华人民共和国领空的外国民用航空器,中华人民共和国有关机关有权采取必要措施,令其在指定的机场降落。

在中华人民共和国境内飞行、停留的外国民用航空器违反本规则规定的,由中华人民共和国有关空中交通管制部门采取措施,令其纠正。情节严重的,有关部门可以采取必要措施,直至迫使其在指定机场降落。

第十一章　法　律　责　任

第一百一十六条 违反本规则规定,《中华人民共和国民用航空法》及有关法规对其处罚有明确规定的,从其规定;无明确规定的,适用本章规定。

第一百一十七条 未按本规则规定履行审批、备案或者其他手续的,由有关部门按照职责分工责令改正;情节严重的,对直接负责的主管人员和其他直接责任人员依法给予行政处分或者纪律处分;构成犯罪的,依法追究刑事责任。

第一百一十八条 飞行人员未按本规则规定履行职责的,由有关部门依法给予行政处分或者纪律处分;情节严重的,依法给予吊扣执照 1~6 个月的处罚,或者责令停飞 1~3 个月;构成犯罪的,依法追究刑事责任。

第一百一十九条 空中交通管制员、飞行指挥员未按本规则规定履行职责的,由有关部门视情节给予批评教育、警告、记过、降职或者取消资格,免除职务的处分;构成犯罪的,依法追究刑事责任。

第一百二十条 飞行保障部门及其人员未按本规则规定履行职责的,由有关航空管理部门视情节给予通报批评;对直接负责的主管人员或者其他责任人员依法给予行政处分或者纪律处分;构成犯罪的,依法追究刑事责任。

第十二章　附　　则

第一百二十一条 中华人民共和国航空器在本国领海以外毗连区、专属经济区和公海上空飞行,中华人民共和国缔结或者参加的国际条约同本规则有不同规定的,适用国际条约的规定;但是,中华人民共和国声明保留的条款除外。

第一百二十二条 拦截违反本规则的航空器所使用的信号和被拦截的航空器回答的信号,按照本规则附件三的规定执行。

第一百二十三条 本规则下列用语的含义:

航空单位,是指拥有航空器并从事航空飞行活动的机关或者单位,包括航空运输公司、飞行俱乐部、飞行部队、飞行院校等。

航空管理部门,是指对从事飞行活动的航空单位具有管理职能的机关或者单位,包括中国民用航空总局、国家体育总局、航空工业集团公司,中国人民解放军海军、空军、总参谋部陆航局等。

过渡高度,是指一个特定的修正海平面气压高度。在此高度及其以下,航空器的垂直位置按修正海平面气压高度表示。

过渡高,是指一个特定的场面气压高。在此高及其以下,航空器的垂直位置按场面气压高表示。

过渡高度层,是指在过渡高度之上的最低可用飞行高度层。

终端管制区,是指设在一个或者几个主要机场附近的空中交通服务航路汇合处的管制区。

第一百二十四条　本规则自 2001 年 8 月 1 日零时起施行。国务院、中央军事委员会 1977 年 4 月 21 日颁发的《中华人民共和国飞行基本规则》同时废止。

附　录　D

《通用航空飞行管制条例》(部分内容)

第一章　总　　则

第一条　为了促进通用航空业的发展,规范通用航空飞行活动,保证飞行安全,根据《中华人民共和国民用航空法》和《中华人民共和国飞行基本规则》,制定本条例。

第二条　在中华人民共和国境内从事通用航空飞行活动,必须遵守本条例。

在中华人民共和国境内从事升放无人驾驶自由气球和系留气球活动,适用本条例的有关规定。

第三条　本条例所称通用航空,是指除军事、警务、海关缉私飞行和公共航空运输飞行以外的航空活动,包括从事工业、农业、林业、渔业、矿业、建筑业的作业飞行和医疗卫生、抢险救灾、气象探测、海洋监测、科学实验、遥感测绘、教育训练、文化体育、旅游观光等方面的飞行活动。

第四条　从事通用航空飞行活动的单位、个人,必须按照《中华人民共和国民用航空法》的规定取得从事通用航空活动的资格,并遵守国家有关法律、行政法规的规定。

第五条　飞行管制部门按照职责分工,负责对通用航空飞行活动实施管理,提供空中交通管制服务。相关飞行保障单位应当积极协调配合,做好有关服务保障工作,为通用航空飞行活动创造便利条件。

第二章　飞行空域的划设与使用

第六条　从事通用航空飞行活动的单位、个人使用机场飞行空域、航路、航线,应当按照国家有关规定向飞行管制部门提出申请,经批准后方可实施。

第七条　从事通用航空飞行活动的单位、个人,根据飞行活动要求,需要划设临时飞行空域的,应当向有关飞行管制部门提出划设临时飞行空域的申请。

划设临时飞行空域的申请应当包括下列内容:

(一)临时飞行空域的水平范围、高度;

(二)飞入和飞出临时飞行空域的方法;

(三)使用临时飞行空域的时间;

(四)飞行活动性质;

(五)其他有关事项。

第八条　划设临时飞行空域,按照下列规定的权限批准:

（一）在机场区域内划设的，由负责该机场飞行管制的部门批准；

（二）超出机场区域在飞行管制分区内划设的，由负责该分区飞行管制的部门批准；

（三）超出飞行管制分区在飞行管制区内划设的，由负责该管制区飞行管制的部门批准；

（四）在飞行管制区间划设的，由中国人民解放军空军批准。

批准划设临时飞行空域的部门应当将划设的临时飞行空域报上一级飞行管制部门备案，并通报有关单位。

第九条　划设临时飞行空域的申请，应当在拟使用临时飞行空域 7 个工作日前向有关飞行管制部门提出；负责批准该临时飞行空域的飞行管制部门应当在拟使用临时飞行空域 3 个工作日前做出批准或者不予批准的决定，并通知申请人。

第十条　临时飞行空域的使用期限应当根据通用航空飞行的性质和需要确定，通常不得超过 12 个月。

因飞行任务的要求，需要延长临时飞行空域使用期限的，应当报经批准该临时飞行空域的飞行管制部门同意。

通用航空飞行任务完成后，从事通用航空飞行活动的单位、个人应当及时报告有关飞行管制部门，其申请划设的临时飞行空域即行撤销。

第十一条　已划设的临时飞行空域，从事通用航空飞行活动的其他单位、个人因飞行需要，经批准划设该临时飞行空域的飞行管制部门同意，也可以使用。

第三章　飞行活动的管理

第十二条　从事通用航空飞行活动的单位、个人实施飞行前，应当向当地飞行管制部门提出飞行计划申请，按照批准权限，经批准后方可实施。

第十三条　飞行计划申请应当包括下列内容：

（一）飞行单位；

（二）飞行任务性质；

（三）机长（飞行员）姓名、代号（呼号）和空勤组人数；

（四）航空器型别和架数；

（五）通信联络方法和二次雷达应答机代码；

（六）起飞、降落机场和备降场；

（七）预计飞行开始、结束时间；

（八）飞行气象条件；

（九）航线、飞行高度和飞行范围；

（十）其他特殊保障需求。

第十四条　从事通用航空飞行活动的单位、个人有下列情形之一的，必须在提出飞行计划申请时，提交有效的任务批准文件：

（一）飞出或者飞入我国领空的（公务飞行除外）；

（二）进入空中禁区或者国（边）界线至我方一侧 10 km 之间地带上空飞行的；

（三）在我国境内进行航空物探或者航空摄影活动的；

（四）超出领海（海岸）线飞行的；

（五）外国航空器或者外国人使用我国航空器在我国境内进行通用航空飞行活动的。

第十五条　使用机场飞行空域、航路、航线进行通用航空飞行活动，其飞行计划申请由当地飞行管制部门批准或者由当地飞行管制部门报经上级飞行管制部门批准。

使用临时飞行空域、临时航线进行通用航空飞行活动,其飞行计划申请按照下列规定的权限批准:

(一)在机场区域内的,由负责该机场飞行管制的部门批准;

(二)超出机场区域在飞行管制分区内的,由负责该分区飞行管制的部门批准;

(三)超出飞行管制分区在飞行管制区内的,由负责该区域飞行管制的部门批准;

(四)超出飞行管制区的,由中国人民解放军空军批准。

第十六条 飞行计划申请应当在拟飞行前1天15:00前提出;飞行管制部门应当在拟飞行前1天21:00前做出批准或者不予批准的决定,并通知申请人。

执行紧急救护、抢险救灾、人工影响天气或者其他紧急任务的,可以提出临时飞行计划申请。临时飞行计划申请最迟应当在拟飞行1 h前提出;飞行管制部门应当在拟起飞时刻15 min前做出批准或者不予批准的决定,并通知申请人。

第十七条 在划设的临时飞行空域内实施通用航空飞行活动的,可以在申请划设临时飞行空域时一并提出15天以内的短期飞行计划申请,不再逐日申请;但是每日飞行开始前和结束后,应当及时报告飞行管制部门。

第十八条 使用临时航线转场飞行的,其飞行计划申请应当在拟飞行2天前向当地飞行管制部门提出;飞行管制部门应当在拟飞行前1天18:00前做出批准或者不予批准的决定,并通知申请人,同时按照规定通报有关单位。

第十九条 飞行管制部门对违反飞行管制规定的航空器,可以根据情况责令改正或者停止其飞行。

第四章 飞 行 保 障

第二十条 通信、导航、雷达、气象、航行情报和其他飞行保障部门应当认真履行职责,密切协同,统筹兼顾,合理安排,提高飞行空域和时间的利用率,保障通用航空飞行顺利实施。

第二十一条 通信、导航、雷达、气象、航行情报和其他飞行保障部门对于紧急救护、抢险救灾、人工影响天气等突发性任务的飞行,应当优先安排。

第二十二条 从事通用航空飞行活动的单位、个人组织各类飞行活动,应当制定安全保障措施,严格按照批准的飞行计划组织实施,并按照要求报告飞行动态。

第二十三条 从事通用航空飞行活动的单位、个人,应当与有关飞行管制部门建立可靠的通信网络。

在划设的临时飞行空域内从事通用航空飞行活动时,应当保持空地联络畅通。

第二十四条 在临时飞行空域内进行通用航空飞行活动,通常由从事通用航空飞行活动的单位、个人负责组织实施,并对其安全负责。

第二十五条 飞行管制部门应当按照职责分工或者协议,为通用航空飞行活动提供空中交通管制服务。

第二十六条 从事通用航空飞行活动需要使用军用机场的,应当将使用军用机场的申请和飞行计划申请一并向有关部队司令机关提出,由有关部队司令机关做出批准或者不予批准的决定,并通知申请人。

第二十七条 从事通用航空飞行活动的航空器转场飞行,需要使用军用或者民用机场的,由该机场管理机构按照规定或者协议提供保障;使用军民合用机场的,由从事通用航空飞行活动的单位、个人与机场有关部门协商确定保障事宜。

第二十八条　在临时机场或者起降点飞行的组织指挥,通常由从事通用航空飞行活动的单位、个人负责。

第二十九条　从事通用航空飞行活动的民用航空器能否起飞、着陆和飞行,由机长(飞行员)根据适航标准和气象条件等最终确定,并对此决定负责。

第三十条　通用航空飞行保障收费标准,按照国家有关国内机场收费标准执行。

附　录　E

《通用航空飞行任务审批与管理规定》

第一条　为了促进通用航空事业发展,维护国家安全,根据《通用航空飞行管制条例》,制定本规定。

第二条　政府和军队有关部门按照本规定和有关法律法规的规定,做好通用航空飞行任务审批与管理工作。

第三条　国务院民用航空主管部门负责通用航空飞行任务的审批;总参谋部和军区、军兵种有关部门主要负责涉及国防安全的通用航空飞行任务的审核,以及地方申请使用军队航空器从事非商业性通用航空飞行任务的审批。

第四条　外籍航空器或者由外籍人员单独驾驶的我国航空器,不允许在我国境内从事航空摄影、遥感测绘、矿产资源勘查等重要专业领域的通用航空飞行;无人驾驶的航空器,不允许在国家重要目标和国家重大活动场所上空从事通用航空飞行。国家航空器不得参与商业性通用航空飞行活动,特殊情况下,根据中央国家机关有关部门需求和地方政府请求,可以执行以支援国家经济建设为目的的通用航空飞行任务。

第五条　除以下9种情况外,通用航空飞行任务不需要办理任务申请和审批手续,但在飞行实施前,须按照国家飞行管制规定提出飞行计划申请,并说明任务性质:

(一)航空器进出我国陆地国界线、边境争议地区我方实际控制线或者外籍航空器飞入我国领空的(不含民用航空器沿国际航路飞行),由民用航空局商总参谋部、外交部审批。

(二)航空器越过台湾海峡两岸飞行情报区分界线的(不含民用航空器沿国际航路飞行),由民用航空局商总参谋部、国务院台湾事务办公室审批;飞入香港、澳门地区的,须先通过相关渠道征得香港、澳门特别行政区政府有关部门同意。

(三)航空器进入陆地国界线、边境争议地区实际控制线我方一侧10 km的(不含民用航空器沿国际航路飞行),由民航地区管理局商所在军区审批;越过我国海上飞行情报区的(不含台湾海峡地区和沿国际航路飞行),由民航地区管理局商所在军区空军审批,报相关军区备案。进入上述地区或越过海上飞行情报区执行森林灭火、紧急救援等突发性任务的,由所在飞行管制分区指挥机构(航管中心)审批并报军区空军备案。

(四)航空器进入空中禁区执行通用航空飞行任务,由民用航空局商总参谋部审批;进入空中危险区、空中限制区执行通用航空飞行任务,由民航地区管理局商军区空军或者海军舰队审批。

(五)凡在我国从事涉及军事设施的航空摄影或者遥感物探飞行,其作业范围由民航地区管理局商相关军区审批;从事涉及重要政治、经济目标和地理信息资源的航空摄影或者遥感物探飞行,其作业范围由民航地区管理局商相关省、自治区、直辖市政府主管部门审批。

(六)我与相邻国家联合组织跨越两国边境的航空摄影、遥感物探等通用航空飞行,由国土资源部商外交部、民用航空局、总参谋部提出意见,报国务院审批。

(七)外籍航空器或者由外籍人员驾驶的我国航空器使用未对外开放的机场、空域、航线从事通用航空飞行,由民用航空局商总参谋部审批。

(八)中央国家机关有关部门、地方人民政府和企业事业单位使用军用航空器进行航空摄影(测量)、遥感物探,以及使用总参谋部直属部队航空器或者使用军区所属航空器跨区从事通用航空飞行的,由总参谋部审批。使用军区所属航空器在辖区内进行其他通用航空飞行的,由相关军区审批;使用海军、空军所属航空器进行其他通用航空飞行的,由海军、空军或者海军舰队、军区空军审批。

(九)国家组织重大活动等特殊情况下的通用航空飞行,按照国家和军队的有关规定要求审批。

第六条　凡需审批的通用航空飞行任务,通常由飞行任务执行单位向审批部门提出申请,由审批部门商有关单位后办理批复。

第七条　对申请审批的通用航空飞行任务,审批机关应当要求申请人提供飞行任务申请文件,内容包括:任务性质、执行单位和机组人员国籍、主要登机人员名单,航空器型号、数量和注册地,使用机场(临时起降场),作业时间和作业范围,以及其他需要特别说明的事项。

第八条　凡需审批的通用航空飞行任务,申请人应当至少提前13个工作日向审批机关提出申请,审批机关在收到申请后10个工作日内做出批准或者不批准的决定,并通知申请人。对执行处置突发事件、紧急救援等任务临时提出的通用航空飞行任务申请,审批机关应当及时予以审批。

第九条　对越出我国海上飞行情报区执行海上石油生产保障、海洋监测、海事巡航执法、海上救助勤务、海洋资源调查等飞行任务的审批,通常每年集中办理一次审批手续。

第十条　通用航空飞行需在野外(含水面)临时起降且不涉及永久设施建设的,临时起降场地由实施通用航空飞行的单位或者个人自行勘选,连同飞行计划一并报所在飞行管制分区。临时起降场地的选择,必须避开飞行繁忙地区、军事禁区、军事管理区,不得影响飞行安全和重要目标安全。

第十一条　从事通用航空飞行的民用航空器临时使用军用机场时间不超过一年的,由管理该机场的军级单位审批,超过一年的按现行有关规定办理审批手续,机场管理单位按照《通用航空民用机场收费标准》收取保障费用。

第十二条　已经民航管理部门批准设立的通用航空机场,其机场数据信息由民航地区管理局报军区空军备案。地方政府和企业事业单位建设通用航空机场和带有固定设施临时起降点的审批,由国务院机场建设主管部门和军队有关部门另行规定。

第十三条　通用航空飞行所需航空情报资料,由飞行活动主体向民用航空局航空情报服务机构申请订购。通用航空企业需使用军用机场、军用航图等信息资料时,由民用航空局航空情报服务机构统一向军队主管部门申领,经军队主管部门审核同意后提供。涉密资料按照保密要求提供、管理和使用。

第十四条　凡需审批的通用航空飞行任务,其航空器应当配有二次雷达应答机,或者备有能够保证操作人员与军民航空管部门沟通联络、及时掌握航空器位置的设备。

第十五条　通用航空飞行的起飞、着陆标准由机长或者飞行员根据适航标准、气象条件和任务要求确定。

第十六条　军民航空管部门对处置突发事件、紧急救援等突发性任务飞行,应当优先予以保障。

第十七条　民用航空管理部门和军队有关部门应当建立健全通用航空指挥保障机制,主动通报有关情况,及时掌握任务延误情况及原因,协调解决通用航空飞行的指挥和保障问题。

第十八条　香港、澳门特别行政区和台湾地区航空器在内地从事通用航空飞行的,参照外籍航空器实施审批与管理。

第十九条　本规定自2013年12月1日起施行。以往有关规定与本规定不一致的,按照本规定执行。

附　录　F

《无人驾驶航空器飞行管理暂行条例(征求意见稿)》

第一章　总　则

第一条　为了规范无人驾驶航空器飞行以及相关活动,保障飞行管理工作顺利高效开展,制定本条例。

第二条　在中华人民共和国境内辖有无人驾驶航空器系统的单位、个人和与无人驾驶航空器飞行有关的人员及其相关活动,应当遵守本条例。

第三条　无人驾驶航空器飞行管理工作,以习近平新时代中国特色社会主义思想为指导,坚持军民融合、管放结合、空地联合,实施全生命周期设计、全类别覆盖、全链条管理,维护国家安全、公共安全、飞行安全,促进无人驾驶航空器产业及相关领域健康有序发展。

第四条　无人驾驶航空器飞行管理应当坚持安全为要,降低飞行活动风险;坚持需求牵引,适应行业创新发展;坚持分类施策,统筹资源配置利用;坚持齐抓共管,形成严密管控格局。

第五条　本条例所称无人驾驶航空器,是指机上没有驾驶员进行操作的航空器,包括遥控驾驶航空器、自主航空器、模型航空器等。

遥控驾驶航空器和自主航空器统称无人机。

第六条　国务院、中央军委空中交通管制委员会领导全国无人驾驶航空器飞行管理工作,通过无人驾驶航空器管理部际联席工作机制,协调解决管理工作中出现的重大问题。各单位各部门依据有关规定负责无人驾驶航空器相关管理工作。

第七条　模型航空器管理规则,由国务院体育行政部门会同空军、国务院民用航空主管部门、国务院公安部门等单位参照本条例另行制定。

第二章　无人机系统

第八条　无人机分为国家无人机和民用无人机。民用无人机,指用于民用航空活动的无人机;国家无人机,指用于民用航空活动之外的无人机,包括用于执行军事、海关、警察等飞行任务的无人机。

根据运行风险大小,民用无人机分为微型、轻型、小型、中型、大型。其中:

微型无人机,是指空机质量小于 0.25 kg,设计性能同时满足飞行真高不超过 50 m、最大飞行速度不超过 40 km/h、无线电发射设备符合微功率短距离无线电发射设备技术要求的遥控驾驶航空器。

轻型无人机,是指同时满足空机质量不超过 4 kg,最大起飞质量不超过 7 kg,最大飞行速度不超过 100 km/h,具备符合空域管理要求的空域保持能力和可靠被监视能力的遥控驾驶航空器,但不包括微型无人机。

小型无人机,是指空机质量不超过 15 kg 或者最大起飞质量不超过 25 kg 的无人机,但不包括微型、轻型无人机。

中型无人机,是指最大起飞质量超过 25 kg 不超过 150 kg,且空机质量超过 15 kg 的无人机。

大型无人机,是指最大起飞质量超过 150 kg 的无人机。

第九条 无人机生产企业规范、产品制造标准、产品安全性,应当符合相关规定。

中型、大型无人机,应当进行适航管理。

微型、轻型、小型无人机投放市场前,应当完成产品认证;投放市场后,发现存在缺陷的,其生产者、进口商应当依法实施召回。

第十条 销售除微型无人机以外的民用无人机的单位、个人应当向公安机关备案,并核实记录购买单位、个人的相关信息,定期向公安机关报备。

购买除微型无人机以外的民用无人机的单位、个人应当通过实名认证,配合做好相关信息核实。

第十一条 民用无人机登记管理包括实名注册登记、国籍登记。

除微型无人机以外的民用无人机应当向民用航空管理机构实名注册登记,根据有关规则进行国籍登记。

登记管理相关信息,民用航空管理机构应当与军民航空管、公安、工业和信息化等部门共享。

民用无人机登记信息发生变化时,其所有人应当及时变更;发生遗失、被盗、报废时,应当及时申请注销。

第十二条 使用民用无人机从事商业活动应当取得经营许可。

第十三条 民用无人机应当具有唯一身份标识编码;除微型无人机以外的民用无人机飞行,应当按照要求自动报送身份标识编码或者其他身份标识。

第十四条 具备遥测、遥控和信息传输等功能的民用无人机无线电发射设备,其工作频率、功率等技术指标应当符合国家无线电管理相关规定。

第十五条 民用无人机生产者应当在微型、轻型无人机的外包装显著标明守法运行说明和防范风险提示,在机体标注无人机类别。

第十六条 从事小型、中型、大型无人机飞行活动和利用轻型无人机从事商业活动的单位或者个人,应当强制投保第三者责任险。

第十七条 国家无人机的分类、定型、登记、识别、保险等管理办法,由相关部门另行制定。

第十八条 无人机、无人机系统技术的进出口应当遵守中华人民共和国相关法律法规。

个人携带或者寄递民用无人机入境,应当遵守相关管理规定。

第十九条 为维护国家安全、公共安全、飞行安全,保障重大任务,处置突发事件,军队、武警部队、公安机关和国家安全机关可以配备和依法使用无人机反制设备。无线电技术性阻断反制设备的使用,需经无线电管理机构批准。

第三章 无人机驾驶员

第二十条 轻型无人机驾驶员应当年满14周岁,未满14周岁应当有成年人现场监护;小型无人机驾驶员应当年满16周岁;中型、大型无人机驾驶员应当年满18周岁。

第二十一条 民用无人机驾驶员培训包括安全操作培训和行业培训。

安全操作培训包括理论培训和操作培训,理论培训包含航空法律法规和相关理论知识,操作培训包含基本操作和应急操作。安全操作培训管理由国务院民用航空主管部门负责。

行业主管部门对民用无人机行业应用有特殊要求的,可实施行业培训,行业培训包括任务特点、任务要求和特殊操控等培训。培训管理由行业主管部门负责。

第二十二条 操控微型无人机的人员需掌握运行守法要求。

驾驶轻型无人机在相应适飞空域飞行,需掌握运行守法要求和风险警示,熟悉操作说明;超出适飞空域飞行,需参加安全操作培训的理论培训部分,并通过考试取得理论培训合格证。

独立操作的小型、中型、大型无人机,其驾驶员应当取得安全操作执照。

分布式操作的无人机系统或者集群,其操作者个人无须取得安全操作执照,组织飞行活动的单位或者个人以及管理体系应当接受安全审查并取得安全操作合格证。

第二十三条 国家无人机驾驶员管理办法,由相关部门另行制定。

第二十四条 驾驶员应当接受民用航空管理机构、飞行管制部门以及公安机关进行的身份和资质查验。

第二十五条 因故意犯罪曾经受到刑事处罚的人员,不得担任中型、大型无人机驾驶员。

第四章 飞 行 空 域

第二十六条 无人机飞行空域划设应当遵循统筹配置、灵活使用、安全高效原则,充分考虑国家安全、社会效益和公众利益,科学区分不同类型无人机飞行特点,以隔离运行为主、兼顾部分混合飞行需求,明确飞行空域的水平、垂直范围和使用时限。

第二十七条 未经批准,微型无人机禁止在以下空域飞行:

(一)真高50 m以上空域;

(二)空中禁区以及周边2 000 m范围;

(三)空中危险区以及周边1 000 m范围;

(四)机场、临时起降点围界内以及周边2 000 m范围的上方;

(五)国界线、边境线到我方一侧2 000 m范围的上方;

(六)军事禁区以及周边500 m范围的上方,军事管理区、设区的市级(含)以上党政机关、监管场所以及周边100 m范围的上方;

(七)射电天文台以及周边3 000 m范围的上方,卫星地面站(含测控、测距、接收、导航站)等需要电磁环境特殊保护的设施以及周边1 000 m范围的上方,气象雷达站以及周边500 m范围的上方;

(八)生产、储存易燃易爆危险品的大型企业和储备可燃重要物资的大型仓库、基地以及周边100 m范围的上方,发电厂、变电站、加油站和大型车站、码头、港口、大型活动现场以及周边50 m范围的上方,高速铁路以及两侧100 m范围的上方,普通铁路和省级以上公路以及两侧50 m范围的上方;

（九）军航超低空飞行空域。

上述微型无人机禁止飞行空域由省级人民政府会同战区确定具体范围，由设区的市级人民政府设置警示标志或者公开相应范围。警示标志设计，由国务院民用航空主管部门负责。

第二十八条　划设以下空域为轻型无人机管控空域：

（一）真高 120 m 以上空域；

（二）空中禁区以及周边 5 000 m 范围；

（三）空中危险区以及周边 2 000 m 范围；

（四）军用机场净空保护区，民用机场障碍物限制面水平投影范围的上方；

（五）有人驾驶航空器临时起降点以及周边 2 000 m 范围的上方；

（六）国界线到我方一侧 5 000 m 范围的上方，边境线到我方一侧 2 000 m 范围的上方；

（七）军事禁区以及周边 1 000 m 范围的上方，军事管理区、设区的市级（含）以上党政机关、核电站、监管场所以及周边 200 m 范围的上方；

（八）射电天文台以及周边 5 000 m 范围的上方，卫星地面站（含测控、测距、接收、导航站）等需要电磁环境特殊保护的设施以及周边 2 000 m 范围的上方，气象雷达站以及周边 1 000 m 范围的上方；

（九）生产、储存易燃易爆危险品的大型企业和储备可燃重要物资的大型仓库、基地以及周边 150 m 范围的上方，发电厂、变电站、加油站和中大型车站、码头、港口、大型活动现场以及周边 100 m 范围的上方，高速铁路以及两侧 200 m 范围的上方，普通铁路和国道以及两侧 100 m 范围的上方；

（十）军航低空、超低空飞行空域；

（十一）省级人民政府会同战区确定的管控空域。

未经批准，轻型无人机禁止在上述管控空域飞行。管控空域外，无特殊情况均划设为轻型无人机适飞空域。

植保无人机适飞空域，位于轻型无人机适飞空域内，真高不超过 30 m，且在农林牧区域的上方。

第二十九条　每年 10 月 31 日前，省级人民政府汇总各方需求并商所在战区后，向有关飞行管制部门提出轻型无人机空域划设申请；11 月 30 日前，负责审批的飞行管制部门应予批复，并通报相关民用航空情报服务机构；12 月 15 日前，省级人民政府发布行政管辖范围内空域划设信息，国务院民用航空主管部门收集并统一发布全国空域划设信息；翌年 1 月 1 日起，发布的空域生效，有效期 1 年。

临时关闭部分轻型无人机适飞空域，由省级（含）以上人民政府或者军级（含）以上单位提出申请，飞行管制部门根据权限进行审批，并通报相关民用航空情报服务机构。临时关闭期限通常不超过 72 h，由省级人民政府于关闭生效时刻 24 h 前发布。遇有重大活动和紧急突发情况时，飞行管制部门根据需要可以临时关闭部分轻型无人机适飞空域，通常在生效时刻前 1 h 发布。

第三十条　无人机通常与有人驾驶航空器隔离运行，划设隔离空域，并保持一定间隔。已发布的轻型无人机适飞空域不影响隔离空域的划设。符合下列条件之一的，可不划设隔离空域：

（一）执行特殊任务的国家无人机飞行；

（二）经过充分安全认证的中型、大型无人机飞行；

（三）轻型无人机在适飞空域上方不超过飞行安全高度飞行；

（四）具备可靠被监视和空域保持能力的小型无人机在轻型无人机适飞空域及上方不超过飞行安全高度飞行。

第三十一条 飞行安全高度及以上、跨越飞行安全高度的隔离空域间隔，应当高于现行空域间隔规定；低于飞行安全高度的隔离空域间隔，可以适当低于现行空域间隔规定。

第三十二条 隔离空域申请，由申请人在拟使用隔离空域7个工作日前，向有关飞行管制部门提出；负责批准该隔离空域的飞行管制部门应当在拟使用隔离空域3个工作日前作出批准或者不予批准的决定，并通知申请单位或者个人。

申请内容主要包括：使用单位或者个人，无人机类型及主要性能，飞行活动性质，隔离空域使用时间、水平范围、垂直范围，起降区域或者坐标，飞入飞出隔离空域方法，登记管理的信息等。

第三十三条 划设无人机隔离空域，按照下列规定的权限批准：

（一）在飞行管制分区内划设的，由负责该分区飞行管制的部门批准；

（二）超出飞行管制分区在飞行管制区内划设的，由负责该管制区飞行管制的部门批准；

（三）在飞行管制区间划设的，由空军批准。

批准划设隔离空域的部门应当将划设的隔离空域报上一级飞行管制部门备案，并通报有关单位。

第三十四条 无人机隔离空域的使用期限，应当根据飞行的性质和需要确定，通常不得超过12个月。

因飞行任务需要延长隔离空域使用期限的，应当报经批准该隔离空域的飞行管制部门同意。

隔离空域飞行活动全部结束后，空域申请人应当及时报告有关飞行管制部门，其申请划设的隔离空域即行撤销。

已划设的隔离空域，经飞行管制部门同意后，其他单位或者个人也可以使用。

第三十五条 国家无人机执行飞行任务时，拥有空域优先使用权。

第五章 飞 行 运 行

第三十六条 国家统筹建立具备监视和必要管控功能的无人机综合监管平台，民用无人机飞行动态信息与公安机关共享。国务院公安部门建立民用无人机公共安全监管系统。

第三十七条 从事无人机飞行活动的单位或者个人实施飞行前，应当向当地飞行管制部门提出飞行计划申请，经批准后方可实施。飞行计划申请应当于飞行前1天15:00前，向所在机场或者起降场地所在的飞行管制部门提出；飞行管制部门应当于飞行前1天21:00前批复。

国家无人机在飞行安全高度以下遂行作战战备、反恐维稳、抢险救灾等飞行任务，可适当简化飞行计划审批流程。

微型无人机在禁止飞行空域外飞行，无须申请飞行计划。轻型、植保无人机在相应适飞空域飞行，无须申请飞行计划，但需向综合监管平台实时报送动态信息。

第三十八条 无人机飞行计划内容通常包括：

（一）组织该次飞行活动的单位或者个人；

（二）飞行任务性质；

（三）无人机类型、架数；

（四）通信联络方法；

（五）起飞、降落和备降机场（场地）；

（六）预计飞行开始、结束时刻；

（七）飞行航线、高度、速度和范围，进出空域方法；

（八）指挥和控制频率；

（九）导航方式，自主能力；

（十）安装二次雷达应答机的，注明二次雷达应答机代码申请；

（十一）应急处置程序；

（十二）其他特殊保障需求。

有特殊要求的，应当提交有效任务批准文件和必要资质证明。

第三十九条　无人机飞行计划按照下列规定权限批准：

（一）在机场区域内的，由负责该机场飞行管制的部门批准；

（二）超出机场区域在飞行管制分区内的，由负责该分区飞行管制的部门批准；

（三）超出飞行管制分区在飞行管制区内的，由负责该区域飞行管制的部门批准；

（四）超出飞行管制区的，由空军批准。

第四十条　使用无人机执行反恐维稳、抢险救灾、医疗救护或者其他紧急任务的，可以提出临时飞行计划申请。临时飞行计划申请最迟应当于起飞 30 min 前提出，飞行管制部门应当在起飞 15 min 前批复。

第四十一条　申请并获得批准的无人机飞行计划，组织该次飞行活动的单位或者个人应当在无人机起飞 1 h 前向飞行管制部门报告计划开飞时刻和简要准备情况，经放飞许可方可飞行；飞行中实时掌握无人机飞行动态，保持与飞行管制部门通信联络畅通；飞行结束后，及时报告飞行实施情况。

第四十二条　隔离空域内飞行，无人机之间飞行间隔应当不低于现行飞行间隔规定。

第四十三条　隔离空域外飞行，无人机之间、无人机与有人驾驶航空器之间应当保持一定间隔。

执行特殊任务的国家无人机或者经充分安全认证的中型、大型无人机，可与有人驾驶航空器混合飞行，无人机之间、无人机与有人驾驶航空器之间的飞行间隔，均不低于现行飞行间隔规定。

轻型无人机在适飞空域上方不超过飞行安全高度飞行，小型无人机在轻型无人机适飞空域及上方不超过飞行安全高度的飞行，且同时满足下列条件的，无人机之间、无人机与有人驾驶航空器之间的飞行间隔不高于现行飞行间隔规定：

（一）能够按要求自动向综合监管平台报送信息，包括位置、高度、速度、身份标识；

（二）遥控站（台）与无人机、飞行管制部门保持持续稳定的双向通信联络；

（三）航线保持精度上下各 50 m、左右各 1 000 m 以内；

（四）能够自动按照预先设定的飞行航线和高度自主返航或者备降。

轻型无人机在适飞空域上方不超过飞行安全高度飞行，小型无人机在轻型无人机适飞空域及上方不超过飞行安全高度的飞行，不能同时满足上述条件的，无人机之间、无人机与有人驾驶航空器之间的飞行间隔不低于现行飞行间隔规定。

第四十四条 无人机飞行应当避让有人驾驶航空器飞行。轻型、植保无人机通常在相应适飞空域飞行，并主动避让有人驾驶航空器、国家无人机和小型、中型、大型无人机飞行；微型无人机飞行，应当保持直接目视接触，主动避让其他航空器飞行。

除执行特殊任务的国家无人机外，夜间飞行的无人机应当开启警示灯并确保处于良好状态。

未经飞行管制部门批准，禁止轻型无人机在适飞空域从事货物运输，禁止在移动的车辆、船舶、航空器上（内）驾驶除微型无人机以外的无人机。

第四十五条 在我国境内，禁止境外无人机或者由境外人员单独驾驶的境内无人机从事测量勘查以及对敏感区域进行拍摄等飞行活动。发现其违法飞行，飞行管制部门责令立即停止飞行，并通报外事、公安等部门及时处置。

第四十六条 与无人机飞行有关的单位、个人负有保证飞行安全的责任，应当遵守有关规章制度，积极采取预防事故措施，保证飞行安全。

微型无人机飞行，轻型、植保无人机在相应适飞空域飞行，两个及以上单位或者个人在同一隔离空域内飞行，无人机与有人驾驶航空器混合飞行，安全责任均由组织该次飞行活动的单位或者个人承担；其他飞行，安全责任依照相关规定执行。

第四十七条 无人机飞行发生特殊情况，组织该次飞行活动的单位或者个人作为飞行安全的责任主体，有权作出及时正确处置，并遵从军民航空管部门指令。组织民用无人机飞行的单位或者个人，应当在降落后 24 h 内向民用航空管理机构提交书面报告。

对空中不明情况和违法违规飞行，军队应当迅速组织空中查证处置，公安机关应当迅速组织地面查证处置，其他相关部门应当予以配合。

第四十八条 飞行空域和计划的审批情况应当接受社会和用户监督。各级空域管理部门应当主动提供单位名称、申请流程、联络方法、监督方式，国务院民用航空主管部门、省级人民政府负责发布，遇有变化及时更新。

第六章 法 律 责 任

第四十九条 对未按照适航管理规定设计、生产、销售、使用民用无人机的，由民用航空管理机构责令停止相关活动，处以 10 万元以上 100 万元以下罚款，如有违法所得，没收违法所得，并处违法生产产品货值金额 1 倍以上 5 倍以下的罚款；情节严重的，由相关部门吊销营业执照。

对未经产品认证擅自出厂、销售民用无人机的，由产品质量监督部门责令改正，处以 5 万元以上 20 万元以下罚款，如有违法所得，没收违法所得。

对私自改造无人机飞行控制系统，破坏空域保持和被监视能力，改变速度、高度、无线电发射功率等性能的行为，由工业和信息化部门、民用航空管理机构、产品质量监督部门等给予警告，暂扣或者吊销经营许可证、飞行合格证或者执照，并处以 2 万元以上 20 万元以下罚款。

第五十条 销售民用无人机的单位、个人未按照规定进行备案的，由公安机关责令改正，暂扣涉事无人机。销售民用无人机的单位、个人未按照规定核实记录购买单位、个人信息的，由公安机关对轻型、小型无人机销售单位、个人处以 1 000 元以上 1 万元以下罚款，对中型、大型无人机销售单位、个人处以 5 000 元以上 5 万元以下罚款。

第五十一条 未按照规定进行民用无人机实名注册登记从事飞行活动的，由军民航空管部门责令停止飞行。民用航空管理机构对从事轻型、小型无人机飞行活动的单位或者个人处以 2 000 元以上 2 万元以下罚款,对从事中型、大型无人机飞行活动的单位或者个人处以 5 000 元以上 10 万元以下罚款。

未按照规定进行民用无人机国籍登记从事飞行活动的,由军民航空管部门责令停止飞行。民用航空管理机构对从事轻型、小型无人机飞行活动的单位或者个人处以 1 万元以上 10 万元以下罚款,对从事中型、大型无人机飞行活动的单位或者个人处以 10 万元以上 50 万元以下罚款;如有违法所得,没收违法所得,并处违法所得 1 倍以上 5 倍以下的罚款。

第五十二条 违反规定携带或者寄递民用无人机入境的,由海关暂扣涉事无人机,并对携带或者寄递轻型、小型无人机的单位或者个人处以 5 000 元以上 10 万元以下罚款,对携带或者寄递中型、大型无人机的单位或者个人处以 5 万元以上 50 万元以下罚款。

第五十三条 未满 14 周岁且无成年人现场监护而驾驶轻型无人机飞行的,由民用航空管理机构处以 200 元以上 500 元以下罚款。

未按照规定取得民用无人机驾驶员合格证或者执照驾驶民用无人机的,由民用航空管理机构处以 5 000 元以上 10 万元以下罚款。超出合格证或者执照载明范围驾驶无人机的,由民用航空管理机构暂扣合格证或者执照 6 个月以上 1 年以下,并处以 3 万元以上 20 万元以下罚款。

第五十四条 违反本条例规定,未经批准飞入空中禁区的,由有关部门按照国家有关规定处置。违反本条例规定有下列情形之一的,由有关部门按照职责分工责令改正,给予警告;情节较重的,处以 1 万元以上 5 万元以下罚款,并可给予责令停飞 1~3 个月以及暂扣经营许可证、驾驶员合格证或者执照的处罚;情节严重的,处以 5 万元以上 20 万元以下罚款,并可给予责令停飞 2~12 个月以及暂扣直至吊销经营许可证、驾驶员合格证或者执照的处罚;造成重大事故或者严重后果的,吊销经营许可证、驾驶员合格证或者执照,2 年内不受理其航空相关许可证书申请。

(一)未按照规定避让有人驾驶航空器飞行的;

(二)违反飞行限制条件飞行的;

(三)未经批准擅自飞行的;

(四)未按批准的飞行计划飞行的;

(五)未按要求及时报告或者漏报飞行动态的;

(六)未经批准飞入空中危险区或者除空中禁区以外其他不允许飞行空域的;

(七)发生影响飞行安全的特殊情况不及时采取措施,或者处置不当的;

(八)不服从管制指挥指令的。

第五十五条 国家无人机执行飞行任务发生违法违规行为的处罚办法,由相关部门另行制定。

第五十六条 违反本条例规定,构成违反治安管理行为或者其他行政违法行为的,依法给予治安管理处罚或者其他行政处罚;构成犯罪的,依法追究刑事责任。

对违反本条例规定的单位、个人,纳入社会信用管理系统,实施失信联合惩戒,同时将涉企行政许可、行政处罚等信息记于企业名下并在国家企业信用信息公示系统公示。

第七章 附 则

第五十七条 民用无人机飞行管理及其相关活动,本条例没有规定的,适用《中华人民共和国民用航空法》《中华人民共和国飞行基本规则》《通用航空飞行管制条例》《中华人民共和国无线电管理条例》以及有关法律法规。

国家无人机飞行管理及其相关活动,本条例没有规定的,适用《中华人民共和国飞行基本规则》《中华人民共和国无线电管理条例》以及有关法律法规。

第五十八条 本条例下列用语的含义:

模型航空器,是指重于空气、有尺寸和质量限制、不载人,不具有控制链路回传遥控站(台)功能或者自主飞行功能,仅限在操纵员目视视距内飞行或者借助回传图像进行第一视角遥控操纵飞行的无人驾驶航空器,包括自由飞、线控、无线电遥控模型航空器。

遥控驾驶航空器,是指通过遥控站(台)驾驶的无人驾驶航空器,但不包括模型航空器。

自主航空器,是指在飞行过程中,驾驶员全程或者阶段无法介入控制的无人驾驶航空器。

遥控站(台),是指遥控驾驶航空器的各种操控设备(手段)以及相关系统组成的整体。

空机质量,是指无人机机体、电池、燃料容器等固态装置质量总和,不含填充燃料和任务载荷的质量。

最大起飞质量,是指受设计或者运行限制,无人机正常起飞所容许的最大质量。

空域保持能力,是指具有高度与水平范围的控制能力。

无人机系统,是指无人机以及与其相关的遥控站(台)、任务载荷和控制链路等组成的系统。

植保无人机,是指设计性能同时满足飞行真高不超过 30 m、最大飞行速度不超过 50 km/h、最大飞行半径不超过 2 000 m、最大起飞质量不超过 150 kg,具备可靠被监视能力和空域保持能力,专门用于农林牧植保作业的遥控驾驶航空器。

分布式操作,是指把无人机系统操作分解为多个子业务,部署在多个站点或者终端进行协同操作的模式,不要求个人具备对无人机系统的完全操作能力。

混合飞行,是指无人机与有人驾驶航空器在同一空域内的飞行。

隔离空域,是指专门为无人机飞行划设的空域。

飞行安全高度,是指避免航空器与地面障碍物相撞的最低飞行高度。

第五十九条 本条例于 XXXX 年 X 月 X 日起施行。

附 录 G

《低空空域使用管理规定(试行)(征求意见稿)》

第一章 总 则

第一条【制定依据】为进一步推动我国低空空域管理改革,规范低空空域管理,提高空域资源利用率,确保低空飞行安全顺畅和高效,依据《中华人民共和国民用航空法》、《中华人民共和国飞行基本规则》、《通用航空飞行管制条例》等法律法规,紧密结合我国国情军情和通用航空发展实际,制定本规定。

第二条【使用管理原则】低空空域是国家重要战略资源,其使用管理应坚持适应发展、统筹兼顾、简化程序、灵活高效、责权分明、确保安全的原则。

第三条【使用管理主体】国务院、中央军委空中交通管制委员会(以下简称国家空管委)统一领导全国低空空域使用管理工作,国家空管委办公室负责指导检查工作落实,在现行空管运行体制下,军民航空管部门按照各自职责分工提供空中交通管制服务。

第四条【适用范围】本规定是中华人民共和国境内(不含香港、澳门特别行政区及台湾地区)组织实施低空空域使用管理的基本依据,适用于航空管理部门以及低空空域使用用户。

第五条【监管评估制度】国家空管委办公室组织建立监管评估制度,适时对低空空域使用管理情况进行评估,监管空管运行工作和职能管理部门履职情况,确保低空空域管理运行正规有序。

第二章 空域分类划设

第六条【定义】低空空域原则上是指全国范围内真高 1 000 m(含)以下区域。山区和高原地区可根据实际需要,经批准后可适当调整高度范围。

第七条【分类】低空空域按管制空域、监视空域和报告空域以及目视飞行航线进行分类。

管制空域是指为飞行活动提供空中交通管制服务、飞行情报服务、航空气象服务、航空情报服务和告警服务的空域。

监视空域是指为飞行活动提供飞行情报服务、航空气象服务、航空情报服务和告警服务的空域。

报告空域是指为飞行活动提供航空气象服务和告警服务,并根据用户需求提供航空情报服务的空域。

目视飞行航线是为确保航空用户能够飞到预定空域,且飞行人员在目视条件下飞行的航线。

第八条【划设原则】低空空域划设应统筹考虑国家安全、飞行需求、保障能力、机场布局、环境保护、地形特点等因素,科学划设管制空域、监视空域、报告空域的范围和目视飞行航线。

第九条【划设要求】低空空域应根据不同类别的空域使用需求和航空器活动特点等情况,划设在相应的区域。

管制空城。原则上只能划设在下列区域:①空中禁区和空中危险区;②国境地带我方一侧10 km 范围内;③全国重点防空目标区和重点防空目标外围 5 km 区域;④终端(进近)管制区;⑤军用和民航运输机场的管制地带(担负飞行保障任务且未划设机场管制地带的军用机场,以机场跑道中心点为中心,沿跑道中心线方向,两端各 25 km,两侧各 10 km 的区域);⑥其他需要重点保护地区。

报告空域。原则上只能划设在下列区域:①通用机场和临时起降点 10 km 范围内;②不依托通用机场和临时起降点,使用动力三角翼、滑翔伞、动力伞、热气球等通用航空器具,从事文化体育、旅游观光、空中广告宣传等活动的地区上空半径 5 km 范围内;③作业相对固定、时间相对集中,且对军航和民用运输航空飞行没有影响的通用航空飞行区域。报告空域不得划设在空中禁区边缘外 20 km 范围内,全国重点防空目标区和重点防空目标边缘外 10 km 范围内。

监视空域。管制空域和报告空域之外的空域划设为监视空域。

目视飞行航线。按照监视空域或报告空域标准划设,在管制空域内划设目视飞行航线,必须明确进出通道。

如划设的管制空域与监视、报告空域有交叉区域,交叉区域按管制空域掌握。

第十条【空域要素】空域划设应明确空域名称、水平范围、垂直范围、进出方法、提供服务单位及具体联系方式等要素;目视飞行航线应明确航班代号、航线走向、飞行高度等要素。

第十一条【划设权限】低空空域划设由飞行管制分区主管部门牵头,会同所在地区民航空管部门,在充分听取地方政府及航空用户需求意见的基础上共同划设,报飞行管制区主管部门批准;跨飞行管制分区在飞行管制区内的,由飞行管制区主管部门会同民航地区空管局划定;飞行管制区间的,由空军航管部门会同民航局划定。

第十二条【报备公布】低空空域划设及调整方案由空军航管部门归口报空管委办公室备案,通报民航管理部门,由民航飞行情报管理部门向社会公布。

第三章 空域准入使用

第十三条【管制空域准入】航空用户使用管制空域必须同时具备以下条件:飞行计划获得许可;航空器配备甚高频通信设备、高精度高度表、二次雷达应答机和广播式自动相关监视设备(ADS-B);无线电保持持续双向畅通;民用航空器驾驶员实施目视飞行最低应持有私人执照或运动执照、学生执照,实施仪表飞行最低应持有私人执照。

第十四条【监视空域准入】航空用户使用监视空域必须同时具备以下条件:飞行计划已报备;航空器配备甚高频通信设备和广播式自动相关监视设备;无线电保持持续双向畅通;民用航空器驾驶员最低应持有运动执照或学生执照;空域内飞行,航空器空速不大于 450 km/h。

第十五条【报告空域准入】航空用户使用报告空域必须同时具备以下条件:飞行计划已报备,民用航空器驾驶员最低应持有运动执照或学生执照;空域内飞行,航空器空速不大于450 km/h。

第十六条【多类空域准入】航空活动如涉及多类低空空域,按照最高准入条件标准执行。

第十七条【飞行方法】管制空域内允许实施仪表飞行和目视飞行;监视、报告空域内以及目视飞行航线只允许实施目视飞行。

第十八条【空域类型调整】低空空域实行动态管理,灵活使用。军航战备训练和执行紧急任务需要使用低空空域时,可将监视、报告空域调整为临时管制空域;遇有紧急突发事件、地方政府组织重大活动、军用机场无飞行活动等情况时,可临时调整低空空域类型,适时放宽低空空域使用权限。

第十九条【空域调整部门】空域类型调整由飞行管制分区主管部门负责,报飞行管制区主管部门备案,由民航地区飞行情报管理部门向社会公布。如需长期调整空域类型,按照空域划设权限申报批准。

第二十条【空域调整时限】临时管制空域启用需提前 4 h,管制空域调整为临时监视或临时报告空域需提前 2 h,监视空域与报告空域之间调整需提前 1 h 确定并发布,临时空域使用时限原则上不超过 24 h。

第二十一条【临时关闭权限】监视空域、报告空域和目视飞行航线通常不得关闭,确需临时关闭,空域划设单位应及时报上一级部门审批,并通报相关军民航空管部门,由相应民航飞行情报管理部门向社会公布。

第四章 飞行计划审批报备

第二十二条【飞行计划申请】飞行计划主要是指低空空域内通用航空飞行计划,其申请内容包括:航空用户名称、任务性质、航空器型别、架数、机长姓名、航空器呼号、通信联络方法、起降机场(起降点)、备降机场、使用空域(航线)、飞行高度、预计飞行起止时刻、执行日期等。

第二十三条【飞行计划受理】通用航空飞行只向一个单位申报飞行计划。建有飞行服务站的地区,通过飞行服务站受理飞行计划。未建飞行服务站的地区,依托军用和民用运输机场的由所在机场空管部门受理飞行计划;不依托机场的由所在地区飞行管制分区主管部门直接受理或指定相关军民用机场空管部门受理飞行计划。

第二十四条【转场飞行计划审批】

民用机场(含通用机场临时起降点)之间的飞行计划,机场按照飞行计划所涉及区域和现行民航申报程序逐级上报,民航空管部门负责审批,并将飞行计划审批情况及时通报相关军民航空管部门;民用机场(含通用机场临时起降点)与军用机场之间的飞行计划,机场(通用航空器在军用机场起飞时,由军用机场委托附近民用机场)按照飞行计划所涉及区域和现行民航申报程序逐级上报,民航空管部门商相关飞行管制区主管部门或空军航管部门后审批,并将飞行计划审批情况及时通报相关军民航空管部门;军用机场之间的飞行计划,按照飞行计划所涉及区域和现行军航申报程序执行,相关飞行管制区主管部门或空军航管部门负责审批,并及时通报相关军民航空管部门。

第二十五条【场内场外飞行计划审批】

通用航空用户向飞行服务站或军用机场、民用运输机场提出飞行计划申请(飞行活动范围在民用机场区域内由该机场审批),受理该飞行计划申请的单位集中报飞行管制分区主管部门;飞行计划所涉及区域在飞行管制分区内的,由该部门审批;超出飞行管制分区在飞行管制区内的,由该部门上报飞行管制区主管部门审批;跨飞行管制区间的飞行计划,由飞行管制区主管部门上报空军航管部门审批;仅需民航提供空管服务,由民航按级审批,并报备相对应的军航航管部门。飞行计划审批完后,及时通报相关军民航空管部门。

二十六条【飞行计划审批时限】飞行管制分区内的飞行计划申请,应在起飞前 4 h 提出,审批单位需在起飞前 2 h 批复,超出飞行管制分区在飞行管制区内的,应在起飞前 8 h 前提出,审批单位需在起飞前 6 h 前批复;超出飞行管制区的,应在起飞前 1 天 15:00 前提出,审批单位需在起飞前 1 天 18:00 前批复,执行紧急任务飞行,应在起飞前 30 min 提出申请或边起飞边申请,审批单位需在起飞前 10 min 或立即答复。

第二十七条【飞行计划报备时限】监视空域飞行计划,通航用户应在起飞前 2 h 向飞行计划受理单位报备,飞行计划受理单位需在起飞前 1 h 进行报备;报告空域飞行计划,通航用户应在起飞前 1 h 向飞行计划受理单位报备,飞行计划受理单位需在起飞前 30 min 进行报备;接受报备部门原则上视为同意,如不同意,需在起飞前 15 min 通知飞行计划受理单位。

第二十八条【飞行计划实施】军民航空管部门严格按照飞行计划审批意见组织飞行计划申请与实施,与其他飞行计划确有影响时,按照现行空管运行体制,由相应军民航空管部门实施管制调配。空军和民航局统计汇总通用航空飞行计划审批及申请实施情况,以季度为单位报备国家空管委办公室。

第五章 相关服务保障

第二十九条【信息保障体系】信息保障体系包括通信、导航、监视、气象等内容,其体系建设在国家空管委统一规划下,国家投资,民航和地方政府分别建设。其中,民航负责民用机场(通用机场)及航路航线附近地区的建设和后期运营维护保障;其他区域由军航指导,地方政府负责建设和后期运营维护保障。

第三十条【低空飞行服务站】飞行服务站是现有军民航空管服务保障体系的补充,为通用航空飞行提供飞行计划、航空情报、航空气象、飞行情报、告警和协助救援等服务。

全国飞行服务站布局规划由民航根据地方政府需求研究提出,上报空管委批准;其建设由国家适当投入、地方政府主导建设,地方政府或委托行业协会及运行公司领导管理,民航负责行业监管。

承担通用航空服务保障的飞行管制分区主管部门和军民用机场应按照民航行业标准,扩充设施设备,增加服务功能。

第三十一条【飞行服务站人员培训】飞行服务站人员由地方政府或委托行业协会及运行公司根据功能职责配备,民航或委托行业协会负责飞行服务站人员培训教材编写、能力考核、颁发合格证书和后续在职教育。为提高证件管理权威,证书执照由国家空管委统一制作,民航或其委托行业协会颁发。

第六章　行业监管和违法违规飞行查处

第三十二条【监管查处依据】对违法违规飞行的处罚按照《中华人民共和国民用航空法》、《中华人民共和国治安管理处罚法》、《中华人民共和国飞行基本规则》和《通用航空飞行管制条例》相关条款执行。

第三十三条【违法违规飞行】从事通用航空飞行活动的单位、个人,如有下列情形之一的,构成违法违规行为。

（一）航空器机载设备不符合空域准入条件;

（二）无飞行计划申请;

（三）未经批准擅自飞行;

（四）不及时报告或漏报飞行动态;

（五）不按计划飞行;

（六）不服从管制指挥指令;

（七）不执行管制空域内目视飞行航线飞行方法;

（八）管制空域内擅自改变航行诸元。

第三十四条【违法违规飞行惩处】

（一）情节较轻、未造成严重后果的,处通用航空企业或个人 10 万元以上 30 万元以下罚款,暂扣经营许可证 0.5～3 个月,飞行人员责令停飞 3～6 个月,暂扣飞行执照,相应地区空管协调委进行通报;

（二）情节严重造成严重后果的,处通用航空企业或个人 30 万元以上 50 万元以下罚款、暂扣经营许可证 3～6 个月,封存航空器,责令当事飞行人员停飞 6～12 个月直至吊销飞行执照,国家空管委进行通报;

（三）造成重大事故或后果极其严重的,禁止当事通用航空企业和个人从事一切通用航空飞行活动,并由公安部门进行侦查取证,按照现行法律及执法程序追究其刑事责任。

第三十五条【联合监管处罚机制】民航、公安、海关、工商、体育、军队等部门应积极配合,通力协作、形成合力,严厉惩治通用航空器违法违规飞行。

第三十六条【民航部门职责】民航部门牵头负责地面取证查处,依照本规定第三十四条做出具体惩处决定,通报协调相关部门落实执行。依法对通用航空器(含进口通用航空器)及零部件设计,生产、维修和飞行进行监管,对通用航空器和从事通用航空活动的企业、个人等进行许可、登记管理;配合军队实施空中监管和空中不明情况的应急查证处置,负责对通用航空违法违规飞行进行地面查处;负责建立情况通报、登记制度,凡依本规定受到处罚的企业、个人均由民航主管部门记入用户档案。

第三十七条【公安部门职责】公安部门配合有关部门依法对通用航空器实施管理,负责违法违规通用航空器落地后的秩序和现场处置工作,配合对违法违规飞行的单位或个人进行查处;组担协调重大活动期间通用航空器的地面防范管控工作;协助军队进行空中违规查证。

第三十八条【海关部门职责】海关部门负责办理通用航空器进境海关手续并加强监管。

第三十九条【工商部门职责】工商部门负责对生产销售通用航空器企业的登记管理,对未经批准私自生产销售的违法违规行为进行查处。

第四十条【体育部门职责】体育部门负责对从事航空体育运动项目的单位、人员和通用航空器的审查登记和管理,并将具体情况通报公安、民航部门和军队。

第四十一条【气象部门职责】气象部门负责对具有施放气球资质资格的单位、人员的审查、登记、管理及施放气球作业审批等,参与对违规施放气球活动的查处。

第四十二条【军队职责】军队牵头负责组织空中监管,查证空中不明情况,及时通报公安民航等部门,并提供所掌握的查证情况。

第四十三条【责任追究】坚持"谁违规谁担责"的原则,低空违法违规飞行造成严重后果的,主要追究当事通用航空单位或个人责任;如涉及监管部门不作为,不履职,也要追究相关部门领导管理责任;军队只承担地面警戒监视系统看得见而未及时发现和处置的连带责任。

第四十四条【责任监督】采取设立监督电话、空管微信、空管网站举报等方式建立监督检查机制,对监管部门履职情况进行监督。

第七章　附　则

第四十五条【外籍通用航空器及人员管理】外籍通用航空器或外籍人员驾驶我国通用航空器在低空空域飞行,按现行规定审批飞行任务。香港、澳门特别行政区以及台湾地区通用航空器和人员在内地飞行,按照外籍通用航空器和人员进行管理。

第四十六条【无人驾驶航空器及人员管理】在低空空域飞行的民用无人驾驶航空器和操作人员的审查、登记、管理,由民航局负责。无人驾驶航空器飞行计划按管制空域相关规定申请办理,通常不得与有人驾驶航空器在同一空域组织飞行。

第四十七条【目视飞行航图制作管理】目视飞行航图由国家空管委办公室统一管理,其制作发行由国家空管委办公室指定专门机构负责。目视飞行航图的数据采集、核准、更新以及其他相关事宜,由国家空管委办公室制定具体规定另行明确。

第四十八条【规定说明】本规定与其它规定有矛盾的,按本规定执行;本规定未明确事项按现行规定执行。

低空空域划设在空中禁区、空中危险区、国(边)境地带时,其使用管理仍按现行规定执行。

国家航空器的适航、人员管理和飞行计划审批等事宜,由其主管部门参照本规定制定具体实施办法。

第四十九条【施行日期】本规定自发布之日起施行。

附 录 H

《民用无人机驾驶员管理规定(咨询通告)》

1 目的

近年来随着技术进步,民用无人驾驶航空器(以下简称无人机)的生产和应用在国内外得到了蓬勃发展,其驾驶员(业界也称操控员、操作手、飞手等,在本咨询通告中统称为驾驶员)数量持续快速增加。面对这样的情况,局方有必要在不妨碍民用无人机多元发展的前提下,加强对民用无人机驾驶员的规范管理,促进民用无人机产业的健康发展。

由于民用无人机在全球范围内发展迅速,国际民航组织已经开始为无人机系统制定标准和建议措施(SARPs)、空中航行服务程序(PANS)和指导材料。这些标准和建议措施已日趋成熟,因此多个国家发布了管理规定。

无论驾驶员是否位于航空器的内部或外部,无人机系统和驾驶员必须符合民航法规在相应章节中的要求。由于无人机系统中没有机载驾驶员,原有法规有关驾驶员部分章节已不能适用,本文件对相关内容进行说明。

本咨询通告针对目前出现的无人机系统的驾驶员实施指导性管理,并将根据行业发展情况随时修订,最终目的是按照国际民航组织的标准建立我国完善的民用无人机驾驶员监管体系。

2 适用范围

本咨询通告用于民用无人机系统驾驶人员的资质管理。其涵盖范围包括:

(1)无机载驾驶人员的无人机系统。

(2)有机载驾驶人员的航空器,但该航空器可同时由外部的无人机驾驶员实施完全飞行控制。

分布式操作的无人机系统或者集群,其操作者个人无须取得无人机驾驶员执照,具体管理办法另行规定。

3 定义

本咨询通告使用的术语定义:

(1)无人机(UA:Unmanned Aircraft),是由控制站管理(包括远程操纵或自主飞行)的航空器。

(2)无人机系统(UAS:Unmanned Aircraft System),是指无人机以及与其相关的遥控站(台)、任务载荷和控制链路等组成的系统。

(3)无人机系统驾驶员,对无人机的运行负有必不可少职责并在飞行期间适时操纵无人机的人。

(4)等级,是指填在执照上或与执照有关并成为执照一部分的授权,说明关于此种执照的特殊条件、权利或限制。

(5)类别等级,指根据无人机产生气动力及不同运动状态依靠的不同部件或方式,将无人机进行划分并成为执照一部分的授权,说明关于此种执照的特殊条件、权利或限制。

(6)固定翼,指动力驱动的重于空气的一种无人机,其飞行升力主要由给定飞行条件下保持不变的翼面产生。在本规定中作为类别等级中的一种。

(7)直升机,是指一种重于空气的无人机,其飞行升力主要由在垂直轴上一个或多个动力驱动的旋翼产生,其运动状态改变的操纵一般通过改变旋翼桨叶角来实现。在本规定中作为类别等级中的一种。

(8)多旋翼,是指一种重于空气的无人机,其飞行升力主要由三个及以上动力驱动的旋翼产生,其运动状态改变的操纵一般通过改变旋翼转速来实现。在本规定中作为类别等级中的一种。

(9)垂直起降固定翼,是指一种重于空气的无人机,垂直起降时由与直升机、多旋翼类似起降方式或直接推力等方式实现,水平飞行由固定翼飞行方式实现,且垂直起降与水平飞行方式可在空中自由转换。在本规定中作为类别等级中的一种。

(10)自转旋翼机,是指一种旋翼机,其旋翼仅在起动或跃升时有动力驱动,在空中平飞时靠空气的作用力推动自由旋转。这种旋翼机的推进方式通常是使用独立于旋翼系统的推进式动力装置。在本规定中作为类别等级中的一种。

(11)飞艇,是指一种由动力驱动能够操纵的轻于空气的航空器。在本规定中作为类别等级中的一种。

(12)视距内(VLOS:Visual Line of Sight)运行,无人机在驾驶员或观测员与无人机保持直接目视视觉接触的范围内运行,且该范围为目视视距内半径不大于 500 m,人、机相对高度不大于 120 m。在本规定中作为驾驶员等级中的一种。

(13)超视距(BVLOS:Beyond VLOS)运行,无人机在目视视距以外的运行。在本规定中作为驾驶员等级中的一种。

(14)扩展视距(EVLOS:Extended VLOS)运行,无人机在目视视距以外运行,但驾驶员或者观测员借助视觉延展装置操作无人机,属于超视距运行的一种。

(15)授权教员,是指持有按本规定颁发的具有教员等级的无人机驾驶员执照,并依据其教员等级上规定的权利和限制执行教学的人员。

(16)无人机系统的机长,是指由运营人指派在系统运行时间内负责整个无人机系统运行和安全的驾驶员。

(17)无人机观测员,由运营人指定的训练有素的人员,通过目视观测无人机,协助无人机驾驶员安全实施飞行,通常由运营人管理,无证照要求。

(18)运营人,是指从事或拟从事航空器运营的个人、组织或企业。

(19)控制站(也称遥控站、地面站),无人机系统的组成部分,包括用于操纵无人机的设备。

(20)指令与控制数据链路(C2:Command and Control data link),是指无人机和控制站之间为飞行管理之目的的数据链接。

(21)感知与避让,是指看见、察觉或发现交通冲突或其他危险并采取适当行动的能力。

(22)无人机感知与避让系统,是指无人机机载安装的一种设备,用以确保无人机与其他航空器保持一定的安全飞行间隔,相当于载人航空器的防撞系统。在融合空域中运行的Ⅺ、Ⅻ类无人机应安装此种系统。

(23)融合空域,是指有其他有人驾驶航空器同时运行的空域。

(24)隔离空域,是指专门分配给无人机系统运行的空域,通过限制其他航空器的进入以规避碰撞风险。

(25)人口稠密区,是指城镇、乡村、繁忙道路或大型露天集会场所等区域。

(26)空机质量,是指不包含载荷和燃料的无人机质量,该质量包含燃料容器和电池等固体装置。

(27)飞行经历时间,是指为符合民用无人机驾驶员的 训练和飞行时间要求,操纵无人机或在模拟机上所获得的飞行时间,这些时间应当是作为操纵无人机系统必需成员的时间,或从授权教员处接受训练或作为授权教员提供教学的时间。

(28)飞行经历记录本,是指记录飞行经历时间和相关信息的证明材料,包括纸质飞行经历记录本和由无人机云交换系统支持的电子飞行经历记录本。

(29)训练记录,是指为获取执照或等级而接受相关训练的证明材料,包括纸质训练记录和由无人机云交换系统支持的电子化训练记录。

(30)理论考试,是指航空知识理论方面的考试,该考试是颁发民用无人机驾驶员执照或等级所要求的,可以通过笔试或者计算机考试来实施。

(31)实践考试,是指为取得民用无人机驾驶员执照或者等级进行的操作方面的考试(包括实践飞行、综合问答、地面站操作),该考试通过申请人在飞行中演示操作动作及回答问题的方式进行。

(32)申请人,是指申请无人机驾驶员执照或等级的自然人。

(33)无人机云系统(简称无人机云),是指轻小民用无人机运行动态数据库系统,用于向无人机用户提供航行服务、气象服务等,对民用无人机运行数据(包括运营信息、位置、高度和速度等)进行实时监测。

(34)无人机云交换系统(无人机云数据交换平台):是指由民航局运行,能为多个无人机云系统提供实时数据交换和共享的实时动态数据库系统。

(35)分布式操作,是指把无人机系统操作分解为多个子业务,部署在多个站点或者终端进行协同操作的模式,不要求个人具备对无人机系统的完全操作能力。

4 执照和等级要求

无人机系统分类较多,所适用空域远比有人驾驶航空器广阔,因此有必要对无人机系统驾驶员实施分类管理。

(1)下列情况下,无人机系统驾驶员自行负责,无须执照管理:

A. 在室内运行的无人机。

B. Ⅰ,Ⅱ类无人机(分类等级见第 6 条 C 款。如运行需要,驾驶员可在无人机云交换系统进行备案。备案内容应包括驾驶员真实身份信息、所使用的无人机型号,并通过在线法规测试)。

C. 在人烟稀少、空旷的非人口稠密区进行试验的无人机。

(2)在隔离空域和融合空域运行的除Ⅰ,Ⅱ类以外的无人机,其驾驶员执照由局方实施管理。

A. 操纵视距内运行无人机的驾驶员,应当持有按本规定颁发的具备相应类别、分类等级的视距内等级驾驶员执照,并且在行使相应权利时随身携带该执照。

B. 操纵超视距运行无人机的驾驶员,应当持有按本规定颁发的具备相应类别、分类等级的有效超视距等级的驾驶员执照,并且在行使相应权利时随身携带该执照。

C. 教员等级

1)按本规则颁发的相应类别、分类等级的具备教员等级的驾驶员执照持有人,行使教员权利应当随身携带该执照。

2)未具备教员等级的驾驶员执照持有人不得从事下列活动:

ⅰ)向准备获取单飞资格的人员提供训练。

ⅱ)签字推荐申请人获取驾驶员执照或增加等级所必需的实践考试。

ⅲ)签字推荐申请人参加理论考试或实践考试未通过后的补考。

ⅳ)签署申请人的飞行经历记录本。

ⅴ)在飞行经历记录本上签字,授予申请人单飞权利。

D.植保类无人机分类等级

担任操纵植保无人机系统并负责无人机系统运行和安全的驾驶员,应当持有按本规定颁发的具备Ⅴ分类等级的驾驶员执照,或经农业农村部等部门规定的由符合资质要求的植保无人机生产企业自主负责的植保无人机操作人员培训考核。

(3)自2018年9月1日起,民航局授权行业协会颁发的现行有效的无人机驾驶员合格证自动转换为民航局颁发的无人机驾驶员电子执照,原合格证所载明的权利一并转移至该电子执照。原Ⅶ分类等级(超视距运行的Ⅰ,Ⅱ类无人机)合格证载明的权利转移至Ⅲ分类等级电子执照。

5 无人机系统驾驶员管理

5.1 执照和等级分类

对于完成训练并考试合格,符合本规定颁发民用无人机驾驶员执照和等级条件的人员,在其驾驶员执照上签注如下信息:

A.驾驶员等级:

1)视距内等级。

2)超视距等级。

3)教员等级。

B.类别等级:

1)固定翼。

2)直升机。

3)多旋翼。

4)垂直起降固定翼。

5)自转旋翼机。

6)飞艇。

7)其他。

C.分类等级:

分类等级	空机质量/kg	起飞全重/kg
Ⅰ	\multicolumn{2}{c}{$0<W\leqslant0.25$}	
Ⅱ	$0.25<W\leqslant4$	$1.5<W\leqslant7$
Ⅲ	$4<W\leqslant15$	$7<W\leqslant25$
Ⅳ	$15<W\leqslant116$	$25<W\leqslant150$
Ⅴ	\multicolumn{2}{c}{植保类无人机}	
Ⅺ	$116<W\leqslant5\ 700$	$150<W\leqslant5\ 700$
Ⅻ	\multicolumn{2}{c}{$W>5\ 700$}	

D.型别和职位(仅适用于Ⅺ,Ⅻ分类等级)

1)无人机型别。

2)职位,包括机长、副驾驶。

注1:实际运行中,Ⅲ,Ⅳ,Ⅺ类分类有交叉时,按照较高要求的一类分类。

注2:对于串、并列运行或者编队运行的无人机,按照总质量分类。

注3:地方政府(例如当地公安部门)对于Ⅰ,Ⅱ类无人机质量界限低于本表规定的,以地方政府的具体要求为准。

5.2 颁发无人机驾驶员执照与等级的条件

局方应为符合相应资格、航空知识、飞行技能和飞行经历要求的申请人颁发无人机驾驶员执照与等级。具体要求为《颁发无人机驾驶员执照与等级的条件》(附件1)。

5.3 执照有效期及其更新

A.按本规定颁发的驾驶员执照有效期限为两年,且仅当执照持有人满足本规定和有关中国民用航空运行规章的相应训练与检查要求、并符合飞行安全记录要求时,方可行使其执照所赋予的相应权利。

B.执照持有人应在执照有效期期满前三个月内向局方 申请重新颁发执照。对于申请人:

1)应出示在执照有效期满前24个日历月内,无人机云交换系统电子经历记录本上记录的100 h飞行经历时间证明。

2)如不满足上述飞行经历时间要求,应通过执照中任一最高驾驶员等级对应的实践考试。

C.执照在有效期内因等级或备注发生变化重新颁发时,则执照有效期与最高的驾驶员等级有效期保持一致。

D.执照过期的申请人须重新通过不同等级相应的理论及实践考试,方可申请重新颁发执照及相关等级。

5.4 教员等级更新

A.教员等级在其颁发月份之后第24个日历月结束时期满。

B.飞行教员可以在其教员等级期满前申请更新,但应当符合下列条件之一:

1)通过了以下相应教员等级的实践考试:

ⅰ)对应 Ⅲ,Ⅳ分类等级的教员等级的执照持有人,如果通过了任何一个Ⅲ,Ⅳ 分类等级的教员等级的实践考试,则其所持有的有效的 Ⅲ,Ⅳ分类等级的教员等级均视为更新。

ⅱ)对应Ⅺ,Ⅻ 分类等级的教员等级的执照持有人,如果通过了 Ⅺ,Ⅻ 分类等级的教员等级中任何一项的实践考试,则其教员的所有等级均视为更新,其相应Ⅺ,Ⅻ 分类等级熟练检查不在有效期内的除外。

2)飞行教员在其教员等级期满前90天内通过相应教员等级的更新检查:

ⅰ)对应 Ⅲ,Ⅳ分类等级的教员等级的执照持有人,如果通过了 Ⅺ,Ⅻ 分类等级的教员等级的更新检查,则其所持有的有效的 Ⅲ,Ⅳ 分类等级的教员等级均视为更新。

ⅱ)对应 Ⅺ,Ⅻ 分类等级的教员等级的执照持有人,如果通过了 Ⅺ,Ⅻ 分类等级的教员等级中任何一项的实践考试实践飞行科目,则其教员的所有等级均视为更新,其相应 Ⅺ,Ⅻ 分类等级熟练检查不在有效期内的除外。

3)按本条 B.1)进行更新的,教员等级有效期自实践考试之日起计算。

5.5 教员等级过期后的重新办理

A.飞行教员在其教员等级过期后,应当重新通过实践考试后,局方可恢复其教员等级。

B.当飞行教员的驾驶员执照上与教员等级相对应的等级失效时,其教员等级权利自动丧失,除非该驾驶员按本规定恢复其驾驶员执照上所有相应的等级,其中教员等级的恢复需按本规定关于颁发飞行教员等级的要求通过理论考试和实践考试。

5.6 熟练检查

对于 Ⅺ,Ⅻ 分类等级驾驶员应对该分类等级下的每个签注的无人机类别、型别(如适用)等级接受熟练检查,该检查每 12 个月进行一次。检查由局方指定的人员实施。

5.7 增加等级

A.在驾驶员执照上增加等级,申请人应当符合本条 B 款至 G 款的相应条件。

B.超视距等级可以行使相同类别及分类等级的视距内 等级执照持有人的所有权利。在驾驶员执照上增加超视距等级,而类别和分类等级不变的,申请人应当符合下列规定:

1)完成了相应执照类别和分类等级要求的超视距等级训练,符合本规定附件 1 关于超视距等级的飞行经历要求。

2)由授权教员在申请人的飞行经历记录本或者训练记录上签字,证明其在相应的超视距等级的航空知识方面是合格的。

3)由授权教员在申请人的飞行经历记录本或者训练记录上签字,证明其在相应的超视距等级的飞行技能方面是合格的。

4)通过了相应的超视距等级要求的理论考试。

5)通过了相应的超视距等级要求的实践考试。

C.在驾驶员执照上增加超视距等级的同时增加类别或分类等级的,申请人应当符合下列规定:

1)满足本条 B 款的相关飞行经历和训练要求。

2)满足本条 E 款或 F 款相应类别或分类等级的飞行经历和训练要求。

3)通过了相应的超视距等级要求的理论考试。

4)通过了相应的超视距等级要求的实践考试。

D.教员等级可以行使相同类别及分类等级的超视距等级持有人的所有权利。在驾驶员执照上增加教员等级,或在增加教员等级的同时增加类别或分类等级的申请人应当符合下列规定:

1)完成了相应执照类别和分类等级要求的教员等级训练,符合本规定附件 1 关于教员等级的飞行经历要求。

2)由授权教员在申请人的飞行经历记录本或者训练记录上签字,证明其在相应的教员等级的航空知识方面是合格的。

3)由授权教员在申请人的飞行经历记录本或者训练记录上签字,证明其在相应的教员等级的飞行技能和教学技能方面是合格的。

4)通过了相应的教员等级要求的理论考试。

5)通过了相应的教员等级要求的实践考试。

E.在驾驶员执照上增加类别等级,或在增加类别等级同时增加分类等级,申请人应当符合下列规定:

1)完成了相应驾驶员等级及其类别和分类等级要求的训练,符合本规则规定的相应驾驶员等级及其类别和分类等级的航空经历要求。

2)由授权教员在申请人的飞行经历记录本和训练记录上签字,证明其在相应驾驶员等级及其类别和分类等级的航空知识方面是合格的。

3)由授权教员在申请人的飞行经历记录本和训练记录上签字,证明其在相应驾驶员等级及其类别和分类等级的飞行技能方面是合格的。

4)通过了相应驾驶员等级及其类别等级要求的理论考试。

5)通过了相应驾驶员等级及其类别和分类等级要求的实践考试。

F.分类等级排列顺序由低到高依次为:Ⅲ、Ⅳ、Ⅺ、Ⅻ,高分类等级执照可行使低分类等级执照权利(不适用于Ⅴ分类等级)。在具备低分类等级的执照上增加高分类等级(不适用于Ⅴ分类等级),申请人应当符合下列规定:

1)完成了相应驾驶员等级及其类别和分类等级要求的训练,符合本规定关于相应驾驶员等级及其类别和分类等级的航空经历要求,相同类别低分类等级无人机驾驶员增加分类等级须具有操纵所申请分类等级无人机的飞行训练时间至少10 h,其中包含不少于5 h授权教员提供的带飞训练。

2)由授权教员在申请人的飞行经历记录本和训练记录上签字,证明其在相应驾驶员等级及其类别和分类等级的航空知识方面是合格的。

3)由授权教员在申请人的飞行经历记录本和训练记录上签字,证明其在相应驾驶员等级及其类别和分类等级的飞行技能方面是合格的。

4)通过了相应驾驶员等级及其类别和分类等级要求的实践考试。

G.在驾驶员执照上增加Ⅴ分类等级,申请人应当符合下列规定:

1)依据《轻小无人机运行规定(试行)》(AC-91-31),完成了由授权教员提供的驾驶员满足植保无人机要求的训练。

2)由授权教员在申请人的飞行经历记录本或者训练记录上签字,证明其在植保无人机运行相关航空知识方面是合格的。

3)由授权教员在申请人的飞行经历记录本或者训练记录上签字,证明其在植保无人机运行相关飞行技能方面是合格的。

4)由授权教员在申请人的飞行经历记录本和训练记录上签字,证明其已取得操纵相应类别Ⅴ分类等级无人机至少10 h的实践飞行训练时间。

5)通过了相应类别等级植保无人机运行相关的理论考试。

5.8 执照和等级的申请与审批

A.符合本规定相关条件的申请人,应当向局方提交申请执照或等级的申请,申请人对其申请材料实质内容的真实性负责,并按规定交纳相应的费用。

在递交申请时,申请人应当提交下述材料:

1)身份证明。

2)学历证明(如要求)。

3)相关无犯罪记录文件。

4)理论考试合格的有效成绩单。

5)原执照(如要求)。

6)授权教员的资质证明。

7)训练飞行活动的合法证明。

8)飞行经历记录本。

9)实践考试合格证明。

B.对于申请材料不齐全或者不符合格式要求的,局方在收到申请之后的5个工作日内一次性书面通知申请人需要补正的全部内容。逾期不通知即视为在收到申请书之日起即为受理。申请人按照局方的通知提交全部补正材料的,局方应当受理申请。局方不予受理申请,应当书面通知申请人。局方受理申请后,应当在20个工作日内对申请人的申请材料完成审查。在局方对申请材料的实质内容按照本规定进行核实时,申请人应当及时回答局方提出的问题。由于申请人不能及时回答问题所延误的时间不记入前述20个工作日的期限。对于申请材料及流程符合局方要求的,局方应于20个工作日内受理,并在受理后20个工作日内完成最终审查作出批准或不批准的最终决定。

C. 经局方批准,申请人可以取得相应的执照或等级。批准的无人机类别、分类等级或者其他备注由局方签注在申请人的执照上。

D. 由于飞行训练或者实践考试中所用无人机的特性,申请人不能完成规定的驾驶员操作动作,因此未能完全符合本规定相关飞行技能要求,但符合所申请执照或者等级的所有其他要求的,局方可以向其颁发签注有相应限制的执照或者等级。

5.9　飞行经历记录

申请人应于申请考试前提供满足执照或等级所要求的飞行经历证明。截止至2018年12月31日,局方接受由申请人与授权教员自行填写的飞行经历信息。自2019年1月1日起,申请人训练经历数据应接入无人机云交换系统,以满足申请执照或等级对飞行经历中带飞时间及单飞时间的要求。飞行经历记录填写规范参考《民用无人机驾驶员飞行经历记录填写规范》(附件2)。

5.10　考试一般程序

按本规定进行的各项考试,应当由局方指定人员主持,并在指定的时间和地点进行。

A. 理论考试的通过成绩由局方确定,理论考试的实施程序参考《民用无人机驾驶员理论考试一般规定》(附件3)。

B. 局方指定的考试员按照《民用无人机驾驶员实践考试一般规定》(附件4)的程序,依据《民用无人机驾驶员实践考试标准》(附件5)实施实践考试。

C. 局方依据《民用无人机驾驶员实践考试委任代表管理办法》(附件6)委任与管理实施实践考试的考试员。

D. 局方依据《民用无人机驾驶员考试点管理办法》(附件7)对理论及实践考试的考试点实施评估和清单制管理。

5.11　受到刑事处罚后执照的处理

本规定执照持有人受到刑事处罚期间,不得行使所持执照赋予的权利。

6　修订说明

2015年12月29日,飞行标准司出台了《轻小无人机运行规定(试行)(AC—91—FS—2015—31)》,结合运行规定,为了进一步规范无人机驾驶员管理,对原《民用无人驾驶航空器系统驾驶员管理暂行规定(AC—61—FS—2013—20)》进行了第一次修订。修订的主要内容包括重新调整无人机分类和定义,新增管理机构管理备案制度,取消部分运行要求。

为进一步规范无人机驾驶员执照管理,在总结前期授权符合资质的行业协会对部分无人机驾驶员证照实施管理的创新监管模式经验的基础上,对原《民用无人机驾驶员管理规定(AC—61—FS—2016—20R1)》进行了第二次修订。修订的主要内容包括调整监管模式,完善由局方全面直接负责执照颁发的相关配套制度和标准,细化执照和等级颁发要求和程序,明确由行业协会颁发的原合格证转换为局方颁发的执照的原则和方法。

7 咨询通告施行

本咨询通告自发布之日起生效,2016 年 7 月 11 日发布的《民用无人机驾驶员管理规定》(AC—61—FS—2016—20R1)同时废止。

附件:

1.《颁发无人机驾驶员执照与等级的条件》

2.《民用无人机驾驶员飞行经历记录本填写规范》

3.《民用无人机驾驶员理论考试一般规定》

4.《民用无人机驾驶员实践考试一般规定》

5.《民用无人机驾驶员实践考试标准》

6.《民用无人机驾驶员实践考试委任代表管理办法》

7.《民用无人机驾驶员考试点管理办法》

附件 1:

颁发无人机驾驶员执照与等级的条件

1 视距内等级驾驶员执照

1.1 资格要求

符合下列条件的申请人,局方可以为其颁发视距内等级驾驶员执照:

(a)年满 16 周岁;

(b)三年内无刑事犯罪记录;

(c)具有初中或者初中以上文化程度;

(d)完成了本规定 1.2 条要求的相应无人机等级的航空知识训练,并由提供训练或者评审其自学情况的授权教员在训练记录上签字,证明该申请人可以参加规定的理论考试;

(e)通过了本规定 1.2 条要求航空知识的理论考试;

(f)完成了本规定 1.3 条要求的相应无人机等级的飞行技能训练并由提供训练的授权教员在其飞行经历记录本上签字,证明该申请人可以参加规定的实践考试;

(g)在申请实践考试之前,满足本规定 1.4 条中适用于所申请无人机等级的飞行经历要求;

(h)通过了本规定 1.3 条要求飞行技能的实践考试;

(i)符合本规则对所申请无人机类别和级别等级的相应条款要求。

1.2 航空知识要求

(a)民用无人机驾驶员管理和民用无人机运行有关的中国民用航空规章;

(b)气象学,包括识别临界天气状况,获得气象资料的程序以及航空天气报告和预报的使用;

(c)航空器空气动力学基础和飞行原理;

(d)无人机主要系统,导航、飞控、动力、链路、电气等知识;

(e)无人机系统操作程序及通用应急操作程序;

(f)所使用的无人机系统特性,包括:

(1)起飞和着陆要求;

(2)性能:

(ⅰ)飞行速度;

（ⅱ）典型和最大爬升率；

（ⅲ）典型和最大下降率；

（ⅳ）典型和最大转弯率；

（ⅴ）其他有关性能数据（例如风、结冰、降水限制）；

（ⅵ）航空器最大续航能力。

（g）植保无人机运行相关知识（Ⅴ分类等级适用），包括：

（1）开始作业飞行前应当完成的工作步骤，包括作业区的勘察；

（2）安全处理有毒药品的知识及要领和正确处理使用过的有毒药品容器的办法；

（3）农药与化学药品对植物、动物和人员的影响和作用，重点在计划运行中常用的药物以及使用有毒药品时应当采用的预防措施；

（4）人体在中毒后的主要症状，应当采取的紧急措施和医疗机构的位置；

（5）所用无人机的飞行性能和操作限制；

（6）安全飞行和作业程序；

（7）喷洒限制；

（8）喷洒记录保存。

1.3　飞行技能要求

（a）通用部分：

（1）飞行前准备：包括气象判断、飞行空域与飞行计划申报、重量和平衡的计算、动力系统相关的准备、地面控制站的设置及起飞前无人机系统检查；

（2）起飞、着陆和复飞，包括正常、有风和倾斜地面的起飞和着陆；

（3）视距内机动飞行；

（4）机场和起落航线的运行；

（5）应急程序：包括飞行平台操纵系统故障、动力系统故障、数据链路故障、地面控制站故障及迫降或应急回收。

（b）以下固定翼类别适用：

（1）地面滑行；

（2）临界小速度飞行，判断并改出从直线飞行和从转弯中进入的临界失速及失速；

（3）最大性能（短跑道和越障）起飞，短跑道或松软跑道着陆。

（c）以下直升机类别适用：

（1）悬停，包括无人机平台正前方朝向不同方向时的悬停；

（2）以所需最小动力起飞和着陆，最大性能起飞和着陆；

（3）在涡环初始阶段的识别及改出。

（d）以下多旋翼类别适用：

（1）悬停，包括无人机平台正前方朝向不同方向时的悬停；

（2）以所需最小动力起飞和着陆，最大性能起飞和着陆；

（3）模拟单个动力轴动力失效时的应急操纵程序。

（e）以下垂直起降固定翼无人机类别适用：

（1）旋翼及螺旋桨动力切换故障处理或传动装置和互连式传动轴故障处理；（如适用）

（2）临界小速度飞行，判断并改出从直线飞行和从转弯中进入的临界失速及失速。

（f）以下自转旋翼机类别适用：

以临界小速度机动飞行,对小速度大下降率状态的判断和改出。

(g)植保无人机飞行技能要求(Ⅴ分类等级适用):

以无人机的最大起飞全重完成起飞、作业线飞行等操作动作。

(h)以下飞艇类别适用:

(1)最大性能(越障)起飞;

(2)识别漏气现象;

(3)轻着陆。

1.4　飞行经历要求

视距内等级驾驶员执照的申请人应当具有操纵有动力的无人机至少 44 h 的飞行经历时间。

(a)按照本规定 1.3 条的飞行技能要求,对于多旋翼类别视距内等级驾驶员执照申请人,由授权教员提供不少于 10 h 带飞训练,不少于 5 h 单飞训练,计入驾驶员飞行经历的飞行模拟训练时间不多于 22 h;

(b)按照本规定 1.3 条的飞行技能要求,对于除多旋翼类别外其他类别视距内等级驾驶员执照申请人,由授权教员提供不少于 16 h 带飞训练,不少于 6 h 单飞训练,计入驾驶员飞行经历的飞行模拟训练时间不多于 8 h。

2　超视距等级驾驶员执照

2.1　Ⅺ(不含)以下分类等级

2.1.1　资格要求

符合下列条件的申请人,局方可以为其颁发超视距等级驾驶员执照:

(a)年满 16 周岁;

(b)五年内无刑事犯罪记录;

(c)具有初中或者初中以上文化程度;

(d)完成了本规定 2.1.2 条要求的相应无人机等级的航空知识训练(视距内等级驾驶员执照持有人申请相应类别分类等级的超视距等级驾驶员执照,须完成本规定 2.1.2 条对于 1.2 条的补充训练),并由提供训练或者评审其自学情况的授权教员在训练记录上签字,证明该申请人可以参加规定的理论考试;

(e)通过了本规定 2.1.2 条要求航空知识的理论考试;

(f)完成了本规定 2.1.3 条要求的相应无人机等级的飞行技能训练(视距内等级驾驶员执照持有人申请相应类别分类等级的超视距等级驾驶员执照,须完成本规定 2.1.3 条对于 1.3 条的补充训练),并由提供训练的授权教员在其飞行经历记录本上签字,证明该申请人可以参加规定的实践考试;

(g)在申请实践考试之前,满足本章中适用于所申请无人机等级的飞行经历要求(视距内等级驾驶员执照持有人申请相应类别分类等级的超视距等级驾驶员执照,须完成本规定 2.1.3 条对于 1.3 条的补充训练);

(h)通过了本规定 2.1.3 条要求飞行技能的实践考试;

(i)符合本规则对所申请无人机类别和分类等级的相应条款要求。

2.1.2　航空知识要求

(a)民用无人机系统驾驶员管理和民用无人机运行有关的中国民用航空规章;

(b)气象学,包括识别临界天气状况,获得气象资料的程序以及航空天气报告和预报的使用;

(c)航空器空气动力学基础和飞行原理;

(d)无人机主要系统,导航、飞控、动力、链路、电气等知识;

(e)无人机系统操作程序及通用应急操作程序;

(f)所使用的无人机系统特性,包括:

(1)起飞和着陆要求;

(2)性能:

（ⅰ）飞行速度;

（ⅱ）典型和最大爬升率;

（ⅲ）典型和最大下降率;

（ⅳ）典型和最大转弯率;

（ⅴ）其他有关性能数据(例如风、结冰、降水限制);

（ⅵ）航空器最大续航能力。

(3)控制站界面、功能等知识以及控制站之间的交接程序(如适用)。

(g)植保无人机运行相关知识(Ⅴ级别适用),包括:

(1)开始作业飞行前应当完成的工作步骤,包括作业区的勘察;

(2)安全处理有毒药品的知识及要领和正确处理使用过的有毒药品容器的办法;

(3)农药与化学药品对植物、动物和人员的影响和作用,重点在计划运行中常用的药物以及使用有毒药品时应当采用的预防措施;

(4)人体在中毒后的主要症状,应当采取的紧急措施和医疗机构的位置;

(5)所用无人机的飞行性能和操作限制;

(6)安全飞行和作业程序;

(7)喷洒限制;

(8)喷洒记录保存;

(9)植保作业负责人的任务与职责。

2.1.3　飞行技能要求

(a)通用部分:

(1)飞行前准备:包括气象判断、飞行空域与飞行计划申报、质量和平衡的计算、动力系统相关的准备、地面控制站的设置及起飞前无人机系统检查;

(2)起飞、着陆和复飞,包括正常、有风和倾斜地面的起飞和着陆;

(3)视距内机动飞行;

(4)机场和起落航线的运行;

(5)应急程序:包括飞行平台操纵系统故障、动力系统故障、数据链路故障、地面控制站故障及迫降或应急回收;

(6)飞行程序指挥及任务执行指挥;

(7)航路航线的规划、实施及修改。

(b)以下固定翼类别适用:

(1)地面滑行;

（2）临界小速度飞行，判断并改出从直线飞行和从转弯中进入的临界失速及失速；

（3）最大性能（短跑道和越障）起飞，短跑道或松软跑道着陆。

（c）以下直升机类别适用：

（1）悬停，包括无人机平台正前方朝向不同方向时的悬停；

（2）以所需最小动力起飞和着陆，最大性能起飞和着陆；

（3）在涡环初始阶段的识别及改出。

（d）以下多旋翼类别适用：

（1）悬停，包括无人机平台正前方朝向不同方向时的悬停；

（2）以所需最小动力起飞和着陆，最大性能起飞和着陆；

（3）模拟单个动力轴动力失效时的应急操纵程序。

（e）以下垂直起降固定翼无人机类别适用：

（1）旋翼及螺旋桨动力切换故障处理或传动装置和互连式传动轴故障处理；

（2）临界小速度飞行，判断并改出从直线飞行和从转弯中进入的临界失速及失速。

（f）以下自转旋翼机类别适用：

以临界小速度机动飞行，对小速度大下降率状态的判断和改出。

（g）植保无人机飞行技能要求（Ⅴ分类等级适用）：

以无人机的最大起飞全重完成起飞、作业线飞行等操作动作。

（h）以下无人飞艇类别适用：

（1）最大性能（越障）起飞；

（2）识别漏气现象；

（3）轻着陆。

2.1.4 飞行经历要求

超视距等级驾驶员执照的申请人应当具有操纵有动力 的无人机至少 56 h 的飞行经历时间，其中包括：

（a）按照本规定 2.1.3 条的飞行技能要求，对于多旋翼类别超视距等级驾驶员执照申请人，由授权教员提供不少于 15 h 带飞训练，不少于 5 h 单飞训练，计入驾驶员飞行经历的飞行模拟训练时间不多于 28 h；

（b）按照本规定 2.1.3 条的飞行技能要求，对于除多旋翼类别外其他类别超视距等级驾驶员执照申请人，由授权教员提供不少于 20 h 带飞训练，不少于 6 h 单飞训练，计入驾驶员飞行经历的飞行模拟训练时间不多于 12 h。

2.2 Ⅺ，Ⅻ 分类等级

2.2.1 资格要求

符合下列条件的申请人，局方可以为其颁发超视距等级驾驶员执照：

（a）年满 18 周岁；

（b）无犯罪记录；

（c）具有高中或者高中以上文化程度；

（d）完成了本规定 2.2.2 条要求的相应无人机等级的航空知识训练，并由提供训练或者评审其自学情况的授权教员在训练记录上签字，证明该申请人可以参加规定的理论考试；

（e）通过了本规定 2.2.2 条要求航空知识的理论考试；

（f）完成了本规定 2.2.3 条要求的相应无人机等级的飞行技能训练，并由提供训练的授权教员在其飞行经历记录本上签字，证明该申请人可以参加规定的实践考试；

（g）在申请实践考试之前，满足本章中适用于所申请 无人机等级的飞行经历要求；

（h）通过了本规定 2.2.3 条要求飞行技能的实践考试；

（i）符合本规则对所申请无人机类别和分类等级的相应条款要求。

2.2.2 航空知识要求

申请人必须接受并记录培训机构工作人员提供的地面训练，完成下列与所申请无人机系统等级相应的地面训练课程并通过理论考试。

（a）航空法规以及机场周边飞行、防撞、无线电通信、夜间运行、高空运行等知识；

（b）气象学，包括识别临界天气状况，获得气象资料的程序以及航空天气报告和预报的使用；

（c）航空器空气动力学基础和飞行原理；

（d）无人机主要系统，导航、飞控、动力、链路、电气等知识；

（e）无人机系统通用应急操作程序；

（f）所使用的无人机系统特性，包括：

（1）起飞和着陆要求；

（2）性能：

（ⅰ）飞行速度；

（ⅱ）典型和最大爬升率；

（ⅲ）典型和最大下降率；

（ⅳ）典型和最大转弯率；

（ⅴ）其他有关性能数据（例如风、结冰、降水限制）；

（ⅵ）航空器最大续航能力。

（3）通信、导航和监视功能：

（ⅰ）航空安全通信频率和设备，包括：

a. 空中交通管制通信，包括任何备用的通信手段；

b. 指令与控制数据链路（C2），包括性能参数和指定的工作覆盖范围；

c. 无人机驾驶员和无人机观测员之间的通信，如适用。

（ⅱ）导航设备；

（ⅲ）监视设备（如 SSR 应答，ADS－B 发出）；

（ⅳ）发现与避让能力；

（ⅴ）通信紧急程序，包括：

a. ATC 通信故障；

b. 指令与控制数据链路故障；

c. 无人机驾驶员/无人机观测员通信故障，如适用。

（ⅵ）控制站的数量和位置以及控制站之间的交接程序，如适用。

2.2.3 飞行技能与经历要求

申请人必须至少在下列操作上接受并记录了培训机构提供的针对所申请无人机系统等级的实际操纵飞行或模拟飞行训练。

(a)对于机长：

(1)空域申请与空管通信,不少于 4 h；

(2)航线规划,不少于 4 h；

(3)系统检查程序,不少于 4 h；

(4)正常飞行程序指挥,不少于 20 h；

(5)应急飞行程序指挥,包括规避航空器、发动机故障、链路丢失、应急回收、迫降等,不少于 20 h；

(6)任务执行指挥,不少于 4 h。

(b)对于驾驶员：

(1)飞行前检查,不少于 4 h；

(2)正常飞行程序操作,不少于 20 h；

(3)应急飞行程序操作,包括发动机故障、链路丢失、应急回收、迫降等,不少于 20 h。

上述(a)款内容不包含(b)款所要求内容。

3 教员等级

3.1 资格要求

符合下列条件的申请人,局方可以为其颁发教员等级：

(a)年满 18 周岁；

(b)无刑事犯罪记录；

(c)具有高中或者高中以上文化程度；

(d)持有与所申请教员等级执照相同类别分类等级的超视距等级驾驶员执照；

(e)完成了本规定 3.2 条要求的知识训练,并由提供训练或者评审其自学情况的授权教员在训练记录上签字,证明该申请人可以参加规定的理论考试；

(f)通过了本规定 3.2 条要求的理论考试；

(g)完成了本规定 3.3 条要求的相应无人机等级的飞行教学能力训练,并由提供训练的授权教员在其飞行经历记录本上签字,证明该申请人可以参加规定的实践考试；

(h)在申请实践考试之前,满足本章中适用于所申请 无人机等级的飞行经历要求；

(i)通过了本规定 3.3 条要求飞行技能的实践考试；

(j)符合本规定对所申请无人机类别和分类等级的相应条款要求。

3.2 知识要求

教员等级申请人应当接受并记录了由授权教员提供的下列地面教学原理训练：

(a)教学技巧；

(b)学习过程；

(c)对地面教学科目中学员表现的评定；

(d)有效教学的基本要素；

(e)对学员的评价、提问和考试；

(f)课程研制开发；

(g)制定授课计划；

(h)课堂教学技巧；

(i)训练设备的使用,包括使用飞行模拟训练装置；

(j)分析、纠正学员错误；

(k)与飞行教员有关的人的行为能力，包括威胁和差错管理的原则；

(l)模拟无人机系统失效和故障情况下的应急处理方法。

3.3 飞行教学要求

(a)针对基础、经验和能力水平各不相同的学员，准备和实施授课计划；

(b)评价学员的飞行完成情况；

(c)飞行前指导和飞行后讲评；

(d)教员责任和出具签字证明的程序；

(e)正确分析和纠正学员的常见飞行偏差；

(f)完成并分析与所申请教员等级相应的标准飞行训练程序与动作。

3.4 教员的飞行经历及训练要求

教员等级申请人应具有 100 h 操纵其申请的类别及分类等级航空器并担任机长的飞行经历时间。

教员等级申请人应接受不低于 20 h 实践飞行训练。

附件 2：

民用无人机驾驶员飞行经历记录本填写规范

1 目的

为规范民用无人机驾驶员训练规范有序进行，依据《民用无人机驾驶员管理规定》(AC—61—FS—2018—20R2)、《轻小无人机运行规定（试行）》(AC—91—FS—2015—31)及CCAR—61.51 条飞行经历记录本的要求，下发本规范。

2 适用范围

本规范适用于所有按照 AC—61—FS—2018—20R2 颁发无人机驾驶员执照或等级的持有人及申请人。民用无人机驾驶员适用的飞行经历记录本为通用版本的飞行经历记录本。

3 个人信息

申请人/驾驶员须按照各项目要求如实填入个人信息，并签名保证所填内容属实。

4 训练时间和航空经历

(a)民用无人机驾驶员执照申请人或持有人应以局方可接受的方式将训练时间和航空经历如实地记录在飞行经历记录本中，用于满足执照或等级要求的训练时间和航空经历。

(b)驾驶员飞行经历记录本上填写的每次飞行或者课程记录应当包括以下内容：

(1)日期；

(2)航空器型号；

(3)航空器的起飞和着陆地点、模拟机设备所处地点；

(4)航空器的起飞和着陆时间、模拟机所模拟的起飞和着陆时间；

(5)飞行种类：训练飞行时填写"训练"，通用飞行填写"通用"；

(6)着陆次数：填写出发时刻与到达时刻之间总的着陆次数；

(7)依据飞行经历不同将具体飞行经历时间填入以下的一项时间项目中：

（ⅰ）机长时间：操纵已取得相应等级驾驶员执照的民用无人机，作为唯一操纵者的飞行时间或担任机长的飞行时间；

（ⅱ）副驾驶时间：操纵已取得相应等级驾驶员执照的民用无人机，担任驾驶员的飞行时间；

（ⅲ）单飞时间：执照或等级申请人作为民用无人机唯一操纵者的飞行时间；

（ⅳ）带飞时间：由教员带飞、接受实践飞行训练的时间；

（ⅴ）模拟机时间：用模拟机进行的飞行时间；

（ⅵ）教员时间：作为教员参加训练飞行的时间；

（ⅶ）机长/教员签字：飞行种类为"通用"须填入机长的亲笔签名。飞行种类为"训练"须填入教员的亲笔签名；

（c）累计栏，仅为飞行经历记录本本列项目的累计：

（1）本页总计，为本页面数据的累计；

（2）累计，为本飞行经历记录本本列项目数据的累计。

（d）本人签名及日期保证所填内容属实。

5 真实性

无人机驾驶员飞行经历记录目前已基本实现电子化，依据《轻小无人机运行规定（试行）》接入无人机云系统的民用无人机驾驶员执照或等级申请人及持有人，飞行经历记录本填写内容须与无人机云系统电子飞行经历记录相一致。

驾驶员飞行经历记录本要求按本规范填写并妥善保存，禁止填入任何欺骗性的或者虚假的内容。对于提供虚假材料的执照或者等级申请人，根据民航 CCAR—61 部规定，将予以警告的处罚，申请人一年内不得再次申请该执照或等级；对于提供虚假材料的执照或等级持有人，根据民航 CCAR—61 部规定，将予以警告的处罚，撤销其相应执照或等级，当事人三年内不得再次申请执照或等级。

附件 3：

民用无人机驾驶员理论考试一般规定

1 考试一般程序

理论考试应由局方认可的监考员主持，考试时间与地点安排将定期于局方无人机驾驶员执照管理平台网站予以公布。

2 理论考试申请人应符合的条件

2.1 理论考试申请人必须接受并记录无人机航空知识教学人员提供的地面训练，并于考试日期前至少 5 个日历日，在无人机驾驶员执照管理平台上上传人员信息并提交考试申请。

2.2 理论考试前，申请人须出示本人的居民身份证、公安部门出具的带照片的户籍证明或本人已经获得的无人机驾驶员执照，并携带：申请人本人身份证复印件、民用无人机驾驶员理论考试成绩单以及申请人本人的小二寸、近期、白底、免冠、正面半身证件照。

2.3 申请人提供信息须准确无误，因信息有误对考试工作造成的影响由申请人自行承担。

2.4 对于尚未获得驾驶员执照的人员，其参加理论考试时出示的身份证明须与其日后申请无人机驾驶员执照时所持身份证明号码相符，否则其成绩不予承认。

2.5 对于申请补考的申请人，还要求申请人出示上一次理论考试成绩单，成绩单下方须有相应等级教员的签注证明该申请人针对上次理论考试未通过的航空知识内容接受了必要的补充训练，具备通过理论考试的能力。补考日期与上一次同科目考试日期间隔最少为 28 个日历日。

3 理论考试科目和通过成绩

考试名称	时限/min	题目数量	通过分数	
民用无人机驾驶员理论考试	120	100	视距内等级	70
			超视距等级	80
民用无人机驾驶员 教员等级理论考试	60	40	80	

4 理论考试中禁止的行为

4.1 根据 CCAR-61 部第 37 条规定,在理论考试过程中申请人不得有以下行为:

4.1.1 以任何形式复制或保存考试试题;

4.1.2 交给其他申请人或从其他申请人那里得到考试试题的任一部分或其复印件或扫描件;

4.1.3 帮助他人或者接受他人的帮助;

4.1.4 代替他人或由他人代替参加部分或全部理论考试;

4.1.5 在考试过程中使用未经监考员批准的材料或其他辅助物品;

4.1.6 破坏考场设施;

4.1.7 故意引起、助长或者参与本条禁止的行为。

4.2 根据 CCAR-61 部第 245 条规定,对理论考试中作弊或其他禁止的行为的处罚:

4.2.1 对于违反 CCAR-61 部第 37 条规定的申请人予以警告,申请人自该行为被发现之日起一年内不得申请驾驶员执照及相关考试;

4.2.2 对于违反 CCAR-61 部第 37 条规定的执照持有人予以警告,同时责令当事人立即停止飞行运行并交回其已取得的驾驶员执照,驾驶员执照被撤销之日起三年内,当事人不得申请驾驶员执照及考试。

民用无人机驾驶员理论考试成绩单

考试地点:

类别:_____ 等级:_____

姓名:

身份证明文件类型:

身份证明号码:

考试日期:

成绩:

补考总次数:

说明:

结论:通过□　不通过□

考试员签名:

时间:

1.身份证明号码须与申请执照时所持身份证明号码相符,否则成绩不予认可。

2.参加实践考试的申请人,须持结论为通过的理论考试成绩单原件。

补考须知:

1.本次考试 28 天之后方可申请补考。

2.补考前,授权教员声明如下:

我已对该考生实施了相关理论部分的重新培训,并推荐其参加补考。

授权教员执照号_____　　　　　　　授权教员签名 _____

附件 4:

民用无人机驾驶员实践考试一般规定

1　考试一般程序

　　为取得民用无人机视距内等级驾驶员执照的实践考试中科目实施顺序依次为:综合问答,实践飞行;为取得民用无人机超视距等级驾驶员执照的实践考试中科目实施顺序依次为:综合问答,实践飞行,地面站;为取得民用无人机驾驶员执照教员等级的实践考试中科目实施顺序依次为:实践飞行,综合问答。实践考试应由局方认可的考试员主持,考试员应依据:《民用无人机驾驶员实践考试标准》(本咨询通告附件 5)执行实践考试,并填写《驾驶员实践考试工作单》。考试时间与地点安排于无人机驾驶员执照管理平台网站予以公布。

2　实践考试申请人应符合的条件

2.1　符合颁发所申请的无人机驾驶员执照的年龄限制;

2.2　在接受实践考试前 24 个日历月内已通过了必需的理论考试,并提交局方给予的理论考试成绩单的复印件;

2.3　申请人已经完成了必需的训练并取得了必需的飞行经历,于考试日期前至少 5 个日历日以前,在执照管理平台上提交了考试申请;

2.4　具有授权教员在其飞行经历记录本上的签字,证明该申请人已满足所申请执照的飞行经历要求,且该授权教员在申请日期之前的 60 天内,已对申请人进行了准备实践考试的飞行教学,并且认为该申请人有能力通过考试;

2.5　实践考试成绩有效期自实践考试首项科目通过之日起,至 60 个日历日后止,申请人应在该有效期内通过实践考试;(如有效期内未通过实践考试,则实践考试所有科目成绩无效,需重新参加实践考试。)

2.6　实践考试申请人已填写了现行的《实践考试工作单》,并签字确认;

2.7　为实践考试提供与所申请执照或者等级对应的无人机系统及相关设备;

2.8　实践考试前,申请人须出示本人的居民身份证、公安部门出具的带照片的户籍证明或本人已经获得的无人机驾驶员执照;

2.9　对于申请补考的申请人,除须满足以上要求外,还要求申请人携带上一次《实践考试工作单》,实践考试工作单下方须由具有相应等级教员的签注证明该申请人针对上次实践考试未通过的内容接受了必要的补充训练,具备能力通过实践考试。实践考试补考日期与上一次相同等级要求的实践考试日期间隔最少为 14 个日历日。

3 实践考试工作单

民用无人机驾驶员实践考试工作单

用墨水笔或打印填写所有项目

姓名	身份证号

考试日期＿＿＿＿年＿＿＿＿月＿＿＿＿日 地点＿＿＿＿＿＿＿＿＿＿＿＿＿	培训单位:

所用航空器类别: 固定翼□　　　直升机□　　　多旋翼□ 垂直起降固定翼□　　　　自转旋翼机□ 飞艇□　　　　　　　　其他□＿＿＿＿	等级:视距内□　超视距□　教员等级□ 所用航空器分类等级 Ⅲ□　　Ⅳ□　　Ⅴ□　　Ⅵ□　　Ⅶ□　　Ⅺ□　　Ⅻ□

考试项目	考试结论			补考推荐:＿＿＿＿＿＿			补考推荐:＿＿＿＿＿＿		
	结论	考试员	日期	结论	考试员	日期	结论	考试员	日期
实践飞行									
综合问答									
地面控制站									

补考推荐表示该申请人针对上次实践考试未通过的内容接受了必要的补充训练,具备能力通过实践考试。

考试项目	补考推荐:＿＿＿＿＿＿			补考推荐:＿＿＿＿＿＿			补考推荐:＿＿＿＿＿＿		
	结论	考试员	日期	结论	考试员	日期	结论	考试员	日期
实践飞行									
综合问答									
地面控制站									

Ⅰ.飞行前准备	注:考试员应根据当时的天气情况设置一个考试方案以评估科目 C 和 D。		
A.证照及文件			
B.适航要求			
C.天气信息			
D.空域			
E.性能和限制数据			
F.任务描述与分解			
G.航线规划与编辑			
H.航线规划中的应急处理方案			
Ⅱ.飞行前程序			
A.飞行器检查	★		
B.地面站检查			
C.发动机或动力电机启动	★		

续 表

项目	标记			备注
D. 起飞/发射前检查	★			
Ⅲ. 机场或基地检查				
A. 无线电通信	★			
B. 起落航线范围				
C. 跑道/发射回收区	★			
Ⅳ. 操作范围.起飞/发射、着陆/回收、复飞	注:如无侧风,应用口试的方法对申请人侧风飞行知识进行评估。			
A. 正常和侧风条件下的起飞、发射和爬升	★			
B. 正常和侧风条件下的进近和着陆	★			
C. 不满足着陆条件下的复飞				
Ⅴ. 航线飞行				
A. 与飞行相关数据的获取				
B. 切换航路点或修改航路点	★			
C. 改变速度				
D. 改变高度	★			
E. 飞行控制模式的切换	★			
Ⅵ. 应急操作	注:遭遇考核或口试			
A. 下行链路故障				
B. 上行链路故障				
C. 动力系统故障				
D. 机载系统故障				
E. 地面站故障				
F. 起落架或回收装置故障				
G. 飞行平台操纵面故障				
H. 飞行平台其他故障				
I. 迫降或应急回收的实施	★			
Ⅶ. 夜间飞行	注:可选			
A. 夜航的特殊操作				
Ⅷ. 飞行后程序				
A. 飞行器降落或回收后检查	★			
Ⅸ. 机长				
A. 空域申请与空管通信				
B. 航空气象获取与分析				

续 表

C.系统检查程序			
D.正常飞行程序指挥			
E.应急飞行程序指挥			包括规避航空器、发动机故障、链路丢失、应急回收、迫降等
F.任务执行指挥			

综合评估			
项 目	考试结论		备 注
	通过	不通过	
正常程序操作			
获得飞行数据能力			
故障的判断与处理能力			
危险飞行状态的警觉性			
空域、防撞			
检查单的使用			
飞行安全			
机组资源管理			

考试员评语及结论	
评语： 结论： 　　　□通过　□不通过 考试员编号＿＿＿＿＿＿＿＿＿＿　签字＿＿＿＿＿＿＿＿＿＿＿　日期＿＿＿＿＿＿＿＿＿＿＿	
局方审核	监察员审查意见 □同意　□不同意　　监察员签字 　　　　　　　　　日期　　年　　月　　日

填写说明

1.工作单位：指申请人的具体工作单位。

2.运行基地：指申请人所在的运行基地。

3.如使用模拟机/训练器考试，考试的地点应填写培训机构名称和地点。

4.航空器型号：应该填写具体型号，而不是种类，例如：彩虹－2型无人机、DUF－2型无人机等。

5.如果申请人达到实践考试的标准，则应在相应科目的考试结论栏中标记"√"，如果申请人未能达到实践考试的标准，则应在相应科目的考试结论栏中标记"×"。

6.备注：应填写申请人存在的主要问题和考试员认为需要说明的内容。

附件5：

民用无人机驾驶员实践考试标准

1 实践飞行考试科目标准

1.1 固定翼类别

1.1.1 视距内驾驶员等级

固定翼类别视距内驾驶员等级实践飞行考试科目可使用姿态模式（飞控内回路参与控制，即飞行姿态辅助与导航辅助功能都使用）。

科目 a：起飞（轮式/弹射/手抛等）；

科目 b：在第 3 边模拟发动机失效，模拟接地高度小于 5 m；

科目 c：降落或定区域回收。

1.1.2 超视距驾驶员等级

固定翼类别超视距驾驶员等级实践飞行考试科目可使用姿态模式（飞控内回路参与控制，即仅使用飞行姿态辅助功能）。

科目 a：起飞（轮式/弹射/手抛等）；

科目 b：水平"8"字：左右两圆直径 50 m；

科目 c：在第 3 边模拟发动机失效，模拟接地高度小于 5 m；

科目 d：降落或定区域回收。

1.1.3 教员等级

固定翼类别教员等级实践飞行考试科目仅可使用手动模式（飞控内外回路均不参与控制）。

科目 a：起飞（仅轮式）；

科目 b：水平"8"字：左右两圆直径 50 m；

科目 c：在第 3 边模拟发动机失效，模拟接地高度小于 5 m；

科目 d：定区域降落。

1.2 直升机类别

1.2.1 视距内驾驶员等级

直升机类别视距内驾驶员等级实践飞行考试科目可使用导航辅助模式（飞控内、外回路均参与控制）。

科目 a：悬停；

科目 b：慢速水平 360°；

科目 c：水平"8"字：左右两圆直径 6 m；

科目 d：定点降落。

1.2.2 超视距驾驶员等级

直升机类别超视距驾驶员等级实践飞行考试科目可使用增稳模式（飞控仅内回路参与控制，飞控不能执行导航辅助功能）。

科目 a：悬停；

科目 b：慢速水平 360°；

科目 c：水平"8"字：左右两圆直径 6 m；

科目 d：定点降落。

1.2.3 教员等级

直升机类别教员等级实践飞行考试科目仅可使用手动模式(飞控内、外回路均不参与控制)。

科目 a:悬停;

科目 b:慢速水平 360°;

科目 c:后退水平"8"字:左右两圆直径 6 m;

科目 d:定点降落。

1.3 多旋翼类别

1.3.1 视距内驾驶员等级

多旋翼类别视距内驾驶员等级实践飞行考试科目可使用导航辅助模式(飞控内、外回路均参与控制)。

科目 a:悬停;

科目 b:慢速水平 360°;

科目 c:水平"8"字:左右两圆直径 6 m;

科目 d:定点降落。

1.3.2 超视距驾驶员等级

多旋翼类别超视距驾驶员等级实践飞行考试科目可使用增稳模式(飞控仅内回路参与控制)。

科目 a:悬停;

科目 b:慢速水平 360°;

科目 c:水平"8"字:左右两圆直径 6 m;

科目 d:定点降落。

1.3.3 教员等级

多旋翼类别教员等级实践飞行考试科目可使用增稳模式(飞控仅内回路参与控制)(如适用)。

科目 a:悬停;

科目 b:慢速水平 360°;

科目 c:后退水平"8"字:左右两圆直径 6 m;

科目 d:定点降落。

1.4 垂直起降固定翼类别

1.4.1 视距内驾驶员等级

科目 a:定点自动起飞;

科目 b:规划起落航线及水平"8"字航线,并完成航线飞行科目;

科目 c:定点自动降落。

1.4.2 超视距驾驶员等级

科目 a:起飞前检查;

科目 b:定点自动起飞;

科目 c:规划起落航线及水平"8"字航线,并完成航线飞行科目;

科目 d:临时更改航点位置、飞行高度并执行;

科目 e:定点降落。

1.4.3　教员等级

科目 a:执行起飞中断程序;

科目 b:执行航线飞行中断程序并应急返航;

科目 c:模拟航线飞行过程中自主控制失效,切换遥控器操纵模式手动返航并定点降落。

1.5　直升机类别Ⅴ分类等级(目前仅设置视距内驾驶员等级,实践考试仅实践飞行科目)

直升机类别Ⅴ分类等级驾驶员实践飞行考试科目可使 用导航辅助模式(飞控内、外回路均参与控制)。

科目 a:起飞;

科目 b:悬停;

科目 c:耕地航线;

科目 d:定点降落。

1.6　多旋翼类别Ⅴ分类等级(目前仅设置视距内驾驶员等级)

多旋翼类别Ⅴ分类等级驾驶员实践飞行考试科目可使用导航辅助模式(飞控内、外回路均参与控制)。

科目 a:起飞;

科目 b:悬停;

科目 c:耕地航线;

科目 d:定点降落。

2　地面站考试标准

2.1　地面站考试设备和要求

地面站考试需申请人自行准备具备考试所需功能以及飞行态势记录功能的地面站设备。在实施考试时考试员检查设备的适用性,如因设备不符合要求或准备不充分导致考试无法进行,终止考试,申请人可申请缓考。

2.2　考试程序

地面站科目考试程序按照飞行活动组织实施的四个阶段进行,包括预先准备、飞行前准备、飞行实施和飞行后讲评。只有通过前阶段的考试后方可进入下一阶段的考试。

2.2.1　预先准备

预先准备阶段主要进行航线规划、标准操作程序与应急操作程序准备、飞行器系统检查三方面内容。这些工作可提前准备,必须在飞行前准备之前完成。考试员在飞行前准备阶段,检查 2.2.1 的完成情况,未完成不得进入下一阶段考试。

2.2.1.1　航线规划

考试员于飞行前准备阶段以前,依据表 1 中的航线形式要求公布本次需规划的任务航线(不多于 4 条),申请人可事先规划好任务航线,并检查航线的可实施性和安全性。航线的安全性包括但不限于满足空域要求、禁飞区要求和人口稠密区要求,规划的航线不能产生不安全的后果。

表 1　航线规划要求

起飞点确认	根据预先规划的航线,确认起飞点坐标			
航线装订	地图点选	相对坐标编辑		航线模板
航线形状	1.闭合多边形	2.多线段(≥4)非闭合航线	3.对地扫描航线	4.圆形航线
航线高度	要求根据考试场地情况进行高度补偿,航线应设置飞行器性能允许下的高度变化,变化幅度应目视观察可见			
航点属性	性能允许的高度及速度变化			
应急操作	设置应急返航点、位置信息丢失的处置程序			

2.2.1.2　标准操作程序(SOP)与应急操作程序准备

申请人应事先准备标准操作程序与应急操作程序。包括但不限于起飞、飞行中更改航线、降落、应急返航、应急降落等内容,形成纸质文件在飞行前准备阶段提交考试员审核。

2.2.1.3　飞行器系统检查

申请人应事先检查好考试所用无人机系统状态。包括但不限于结构、动力、电池、螺旋桨、自动驾驶仪、数据链路的完整性等,形成纸质检查单,在飞行前准备阶段提交考试员检查。

2.2.2　飞行前准备(6 min)

本阶段从任务检查开始到完成航线检查和装订结束,需在 6 min 之内完成。

2.2.2.1　任务检查

申请人向考试员介绍飞行任务说明、空域场务、气象获取与分析、飞行人员编配等内容。

2.2.2.2　状态检查

检查确认飞行器、地面站及链路工作状态是否能正常完成本次任务。

2.2.2.3　航线检查

由实践考试员为申请人选取 1 条考试任务航线。申请人依据考试员指令选取空域、位置、方向装订并调整航线,考试员可指挥申请人在 2.2.1.1 表 1 中的范围内对上传的航线进行修改并检查航线。如满足要求则可进入飞行实施阶段。

2.2.3　飞行实施(6 min)

飞行实施阶段包括从起飞到着陆的全部过程,申请人需按 2.2.3.1 和 2.2.3.2 的程序操作,本阶段需在 6 min 内完成。

2.2.3.1　正常操作程序

(a)自动起飞,按规划航线执行飞行任务;

(b)在地面控制站监控仪表,正确识别飞行数据、飞行的正常或故障状态;

(c)修改航线并执行,按考试员指令要求在操作时间限制内修改航线;修改航线按下列三者选一:

(1)30 s 内单一航点变高;

(2)60 s 内单一航点的增减或位置变更;

(3)30 s 内修改平飞速度。

2.2.3.2　应急操作程序

(a)按考试员指令要求在地面站进行应急返航操作,要求操作时间不多于 15 s;

(b)模拟位置信息丢失,仅参照地面站显示的航空器航向、姿态和速度信息,以姿态模式遥控操纵无人机应急返航。需要满足以下要求：

（1）考试员遮挡航迹或飞机位置信息，指令学员返航操作；

（2）学员应操纵无人机应急返航，在切换姿态模式开始的 30 s 内归航航向与直线归航航线角误差应不超过 ±45°；

（3）参照地面站显示的姿态、航迹、航向、高度等信息，保持航线高度 ±5 m 以内超视距飞行；

（4）由考试员恢复航迹或位置显示，学员在保障安全的条件下遥控无人机返回本场范围，根据考试员口令切换操纵模式进行降落。

2.2.4　飞行后讲评

飞行实施完成后，所有学员应参与飞行后讲评，通过的学员简述本次飞行任务的执行过程，每人时间不超过 30 s。未通过的学员应简述执行过程中出现的问题，每人时间不超过 60 s。最后由考试员进行综合讲评，完成地面站考试全部内容。

3　特殊考试项目标准

对于 XI，XII 分类等级，考试中除对附件 1 相关训练内容进行操作考核，还应对下列内容进行充分口试：

3.1　所使用的无人机系统特性；

3.2　所使用的无人机系统正常操作程序；

3.3　所使用的无人机系统应急操作程序。

附件 6：

民用无人机驾驶员实践考试委任代表管理办法

1　总则

1.1　目的

为规范局方民用无人机驾驶员实践考试委任代表（以下简称：委任代表）实施民用无人机驾驶员实践考试工作，明确相应职责和权利，特制定本办法为委任代表及申请人提供必要的政策、标准及程序指导。

1.2　定义

实践考试，是指为取得民用无人机驾驶员执照或等级进行的操作方面的考试（包括口试），该考试通过申请人在飞行中演示操作动作及回答问题的方式进行。

考试员，是指由局方授权实施民用无人机驾驶员执照或等级实践考试的人员。考试员应当是局方按照本管理办法委任的委任代表或符合资质要求的局方飞行标准监察员。

考试权利，是指履行考试员被授权实施民用无人机驾驶员执照或等级的实践考试的权利。

申请人，是指为申请驾驶员执照或等级而接受实践考试的自然人。

2　一般规定

2.1　考试员的权利

（a）考试员可以在授权范围内，根据局方的指派对申请人实施实践考试，授权范围不包括直接接受申请人的实践考试申请；

（b）对于已经通过考试并满足驾驶员执照或等级要求的申请人，考试员可以在其实践考试文件（实践考试工作单等）上签字，证明该申请人满足有关驾驶员执照或等级的要求，并作为申请颁发执照或等级的依据；

（c）对于已经通过实践考试的申请人，考试员可以在申请人的《中国民航飞行经历记录本》

飞行检查记录页上进行相应签注;

(d)如果不是由于申请人表现失败的原因中止考试,例如无法预料的天气、申请人或考试员在实践考试期间失能、在考试开始后航空器机械故障或其它无法预料的情况等,考试员可以向申请人声明中断考试。

2.2　考试员的限制

(a)考试员禁止更改任何申请人所持有的执照或等级以及执照上已载明的签注;

(b)考试员禁止增补除被授权实施的实践考试外的执照或等级以及飞行检查记录页签注;

(c)如果考试员不具备考试所用航空器的类别、分类等级(如适用),则考试员不得为该等级航空器的申请人实施实践考试,但执照持有人在其执照有效期内申请的执照更新考试不受此条限制;

(d)如果考试员不满足本管理办法中规定的条件,则考试员不得实施实践考试。

2.3　考试员行使考试权利的一般规定

(a)考试员不得对自己训练的申请人实施实践考试;

(b)考试员代表局方对申请人实施实践考试,考试员的职责是观察申请人是否具备完成实践考试要求的各项操作的能力。考试员在实践考试期间不是该航空器的机长,但是如果需要,经预先安排并经考试员本人同意,方可担任该次飞行的机长;

(c)考试员对执照或等级申请人实施实践考试时,在某些情况下可能需要给予申请人必要的建议或协助。如果考试员需要在飞行操纵方面给予申请人建议或协助,则这种建议或协助将构成申请人考试失败的依据。

3　委任代表管理程序

3.1　委任代表的审查、批准

局方负责委任代表候选人员的审查工作。

3.2　委任代表的条件

3.2.1　委任代表应当具备的基本条件:

(a)熟悉并能公正地执行有关法律、法规、规章和标准;

(b)具有正确的判断能力和认真负责的工作态度;

(c)在所委任工作的专业上具有足够的工作经验和熟练的技术;

(d)熟悉与所委任工作有关的最新技术和知识;

(e)持有现行有效的教员等级的驾驶员执照,具备相应的飞行教学资格,并履行训练机构的检查教员职责;

(f)近12个日历月内参加并通过局方组织的委任代表培训;

(g)近两年内具有飞行教学的经历;

(h)近两年内没有发生造成严重后果的飞行事故;

(i)具有中国国籍;

(j)对于因行政工作繁忙没有足够时间实施实践考试的人员,原则上不予聘任。

3.2.2　委任代表飞行经历要求和教学经历要求:

(a)固定翼:

飞行经历:300 h 机长时间,上一年度固定翼无人机的飞行次数不少于 30 次起落;

教学经历:固定翼无人机 150 h 飞行教学时间。

(b)直升机:

飞行经历:300 h 机长时间,上一年度无人直升机的飞行次数不少于 30 次起落;

教学经历:无人直升机上 150 h 飞行教学时间。

(c)多旋翼:

飞行经历:500 h 机长时间,上一年度多旋翼无人机的飞行次数不少于 60 次起落;

教学经历:多旋翼无人机 300 h 飞行教学时间。

(d)飞艇:

飞行经历:150 h 机长时间,上一年度无人飞艇的飞行次数不少于 20 次起落;

教学经历:无人飞艇 50 h 飞行教学时间。

(e)自转旋翼机:

飞行经历:150 h 机长时间,上一年度无人自转旋翼机的飞行次数不少于 20 次起落;

教学经历:无人自转旋翼机 50 h 飞行教学时间。

(f)垂直起降固定翼:

飞行经历:150 h 机长时间,上一年度垂直起降固定翼的飞行次数不少于 20 次起落;

教学经历:垂直起降固定翼 50 h 飞行教学时间。

(g)其他:

飞行经历:相应类别无人机 150 h 机长时间,上一年度该类别无人机的飞行次数不少于 20 次起落;

教学经历:该类别无人机 50 h 飞行教学时间。

3.3 委任代表的委任程序

3.3.1 推荐

训练机构、考试点或无人机运营人(以下简称推荐单位)可按本管理办法 3.2 委任代表应当具备的条件的要求从推荐单位的检查教员中进行推荐,并将下列资料提交给局方:

(a)委任代表申请表(样式见后);

(b)申请人的民用无人机驾驶员执照(正反面)复印件;

(c)满足委任代表飞行经历要求及教学经历要求的证明;

(d)委任代表培训结业证书复印件。

3.3.2 审查

推荐单位应对本单位提交的资料是否齐全真实负责,局方将审查各推荐单位推荐的委任代表的资格,如有必要,应对被推荐人员进行面试和能力评估。

3.3.3 批准与颁证

(a)局方按批次批准委任代表,发布审查结果文件,并在执照管理平台网站上予以公布;

(b)由局方签发委任代表证件;

(c)委任代表的有关资料由局方存档。

3.4 对委任代表的监督和管理

(a)局方负责对委任代表的工作实施日常监督管理;

(b)对委任代表执行的考试员工作进行完整记录;

(c)局方应在委任代表的任期内对其进行持续培训,并每年进行至少一次考核和评估。考核和评估的结果要记入个人资料档案,作为能否继续担任委任代表和是否终止其任期的依据。

3.5 委任代表的任期

3.5.1 委任代表的任期为 2 年。

3.5.2 任期的终止：

3.5.2.1 当出现下列一种或多种情形，局方可以终止委任代表的任期：

(a)推荐单位或委任代表本人书面要求终止；

(b)实践考试时不能秉公办事，弄虚作假，徇私舞弊，超越职权，经调查情况属实；

(c)委任代表未持续满足 3.2 委任代表的条件；

(d)局方认为需要终止其任期的。

3.5.2.2 在发生 3.5.2.1 的任一情况时，局方立即终止其考试权利，通知委任代表的任期终止，撤销证件并在网站上予以公布。

委任代表申请表

姓名：		免冠证件照片
执照编号：		
申请类别： □固定翼 □直升机 □多旋翼 □无人飞艇 □无人自转旋翼机 □垂直起降固定翼 □其他	申请分类： □Ⅲ □Ⅳ □Ⅴ □Ⅵ □Ⅺ □Ⅻ	

所申请等级飞行经历

项目	时间
机长时间：	_____小时
上一年度飞行次数：	_____起落
教学经历	_____小时

□附申请人身份证复印件(正反面)
□附申请人民用无人机驾驶员执照复印件(正反面)
□附委任代表培训结业证书复印件
□附推荐机构推荐书

本人承诺：上述表格中所填写的内容（及附件)真实、完整，如有虚假，由本人承担一切责任。 签名：_____ _____年_____月_____日	本推荐机构对上述提交的资料是否齐全、真实负责。 此处加盖单位公章
局方意见： 监察员(签名)：_____ 日期：_____	

附件 7：

民用无人机驾驶员考试点管理办法

1 目的

为规范民用无人机驾驶员考试相关工作，特制定本管理办法。

2 考试点的要求

2.1 考试点选址要求

民用无人机驾驶员考试点原则上选在交通便利的省级 行政中心,所处省级行政区内的每月平均申请考试人数总和不低于 100 人,考试点应能持续满足 2.2 及 2.3 的要求。

2.2 理论考场要求

考试点应设置理论考场,应能容纳至少 25 人以上同时参加理论考试,座位之间横向间隔大于 0.4 m,电脑桌采用带屏风的隔断桌。理论考场内应设置违禁物品摆放区,面积至少为 0.3 m² 乘以考场最大容纳考生人数,且与电脑桌的水平距离不得少于 1.5 m。

理论考场装修应满足防火防盗的要求,做好综合布线,注意强弱电分离,所有电源线、网线、电话线都要暗埋。

理论考场应提供稳定高速的互联网环境,每个座位配备电脑应安装不低于 WINDOWS XP 版本的正版操作系统,配备有至少一台可正常工作的打印机,所有电脑不允许安装任何具有可能构成违反《民用无人机驾驶员理论考试一般规定》(附件 3)规定行为功能的控制软件和硬件。

在考场上方应安装合适数量的摄像装置,数量以能够不间断地监控到每一位考生考试全过程为准,考试点负责人须保证所有监控录像的真实性与完整性,须保留至少 3 个月。

2.3 实践飞行考场要求

考试点实践飞行考场须处于经空中交通管制单位批准 使用的民用无人机飞行空域中,且由考试点负责人按照相关规定报送飞行计划与飞行情况汇报,合法飞行。

考试点应设置不少于两个实践飞行考场(其中至少包括一个满足固定翼类别Ⅳ分类等级无人机飞行条件的实践飞行考场),每个实践飞行考场内应设置相互安全隔离的飞行区、实践飞行考试区及实践飞行待考区。

飞行区须能保证考试无人机在其中可以完成《民用无人机驾驶员实践考试标准》(附件 5)要求的飞行科目,且其按照考试科目要求的轨迹与区域边缘应有不小于 5 m 的水平安全间隔,如飞行区边缘存在与按照考试科目要求的轨迹间隔低于 5 m 的区域,则该区域应设置高度不低于 2 m 的安全隔离网,其他飞行区边缘区域应设置有醒目可见的警告线或警告装置。

实践飞行考试区应容纳不多于 7 人,以及实施考试所需的设施设备等,实践飞行考试区边缘应设置有高度 0.6 m 的隔离线。

实践飞行待考区应能容纳不多于 20 人,其边缘与实践飞行考试区边缘距离不少于 2 m。

在考场应安装合适数量的摄像装置,数量以能够不间断地监控到每一位考生考试全过程为准,考试点负责人须保证所有监控录像的真实性与完整性,须保留至少 3 个月。

3 考试点的管理

考试点须指定一名考试点负责人,并配备有适当数量的工作人员,配合考试员完成考试的实施工作。

考试点的考试时间安排依据局方公布的信息为准,考试点的运行应持续满足本管理办法要求。

3.1 理论考场的管理

有计划地组织考试,考试过程中未经考试员允许任何人不得进入理论考场,避免考场秩序混乱。

不允许考生使用自带稿纸,如考生要求可由考试员发放稿纸,考试结束后稿纸必须完整地留下。

不允许考生使用电子计算器、电子词典、手机等通信设备以及类似的电子产品。

原则上不允许考生中途离开考场,再返回继续考试。中途离开者,按考试结束处理。

考试点负责做好录像保障工作,没有录像或录像中断,视为无效考试。

3.2 实践飞行考场的管理

有计划地组织考试,考场工作人员应配合考试员负责维持考试点及实践飞行待考区秩序,避免考场秩序混乱。

考试过程中未经考试员允许任何人不得进入实践考场的飞行区与实践飞行考试区。

除按考试员安排进出实践飞行考场的学员外,其他人员与实践飞行考场水平距离不得低于 5 m。

考试点负责做好录像保障工作,没有录像或录像中断,视为无效考试。

4 考试点的申请与审查

4.1 考试点的预申请

预申请成立民用无人机驾驶员考试点的单位须于考试点建设开展前向局方提供以下材料:

(一)民用无人机驾驶员考试点书面预申请书;

(二)民用无人机驾驶员考试点的建设方案;

(三)单位机构简介(含名称、法人代表、组织机构、培训等方面的情况);

(四)相关的管理制度。

局方于收到考试点的预申请材料之日起 10 个日历日内审查相关材料是否符合本管理办法要求并批复。

4.2 考试点的申请

预申请成立民用无人机驾驶员考试点的单位如接收到局方的批准后,方可按照批准的方案及要求开展考试点建设工作,完成后可向局方正式提交民用无人机驾驶员考试点申请,并提交以下材料:

(一)民用无人机驾驶员考试点申请书;

(二)民用无人机驾驶员考试点的场地布局详图;

(三)考试点运行相关管理制度。

4.3 考试点的评估与开放

局方在考试点建设完成后,负责对考试点的软硬件环境、管理制度、人员配备等进行评估。

局方组织申请单位的考试点开放评估,评估合格的考试点方可投入使用。

可开放的考试点采取清单制管理;考试点清单可于无人机执照管理平台网站内查询。

可开放的考试点在清单上的载明有效期一般为三年;特殊情况下,局方可根据持续评估情况更新有效期为一年至三年的考试点清单。

4.4 考试点的质量管理

局方在清单有效期满前 60 天内对考试点管理责任单位进行质量管理持续评估,评估合格后,更新考试点清单。

质量管理评估内容包括软硬件环境、管理制度、人员配备和考试数据核查等。

未能通过局方质量管理持续评估或考试清单有效期期满的考试点,停止其执照理论考试的权利。

经核实考试点发生严重影响执照理论考试公正性情况后,立即暂停考试权利;违规发生日前受影响的考试成绩作废。

参 考 文 献

[1] 李实珊.流体力学[M].北京:人民邮电出版社,1982.

[2] 吴望一.流体力学[M].北京:北京大学出版社,1983.

[3] 于坤林,陈文贵.无人机系统与结构[M].西安:西北工业大学出版社,2016.

[4] 毛红保,田松,晁爱农.无人机任务规划[M].北京:国防工业出版社,2015.

[5] 符长青,曹兵.多旋翼无人机技术基础[M].北京:清华大学出版社,2017.

[6] 魏瑞轩,李学仁.先进无人机系统与作战运用[M].北京:国防工业出版社,2014.

[7] 中国航空运动协会.遥控航空模型飞行员技术等级标准[S].北京:中国航空运动协
     会,2018.